# 2023年
# 国外核工业与技术重大发展动向

中 国 核 学 会
中核战略规划研究总院 著
中国原子能科学研究院

中国原子能出版社

**图书在版编目（CIP）数据**

2023年国外核工业与技术重大发展动向 / 中国核学会，中核战略规划研究总院，中国原子能科学研究院著．—北京：中国原子能出版社，2023.6
ISBN 978-7-5221-2781-1

Ⅰ.①2…　Ⅱ.①中…　②中…　③中…　Ⅲ.①原子能工业－工业发展－研究－国外－2021　Ⅳ.①F416.23

中国版本图书馆CIP数据核字（2023）第111864号

**2023年国外核工业与技术重大发展动向**

**出版发行**　中国原子能出版社（北京市海淀区阜成路43号　100048）
**责任编辑**　王　朋　胡晓彤
**责任印制**　赵　明
**封面设计**　崔　彤
**印　　刷**　北京九州迅驰传媒文化有限公司
**开　　本**　787 mm×1092 mm　1/16
**印　　张**　18.125
**字　　数**　246千字
**版　　次**　2023年6月第1版　2023年6月第1次印刷
**书　　号**　ISBN 978-7-5221-2781-1　　**定　价　88.00元**

**网址：http://www.aep.com.cn**　　**E-mail：atomep123@126.com**
**发行电话：010-68452845**

# 《2023年国外核工业与技术重大发展动向》

# 序

习近平总书记就我国核工业创建60周年作出重要指示强调："核工业是高科技战略产业，是国家安全重要基石。要坚持安全发展、创新发展，坚持和平利用核能，全面提升核工业的核心竞争力，续写我国核工业新的辉煌篇章"。当前，世界之变、时代之变、历史之变，正以前所未有的方式展开，中国核工业人一定要肩负起历史赋予的神圣使命，坚持战略思维和底线思维，为国家战略核威慑能力建设和经济社会发展做出更大贡献。

中国核学会、中核战略规划研究总院和中国原子能科学研究院三家研究单位秉承开放、合作、共赢的理念，开展高质量情报研究，已连续6年发布《国外核工业与技术重大发展动向》，研究成果获得机关领导和社会各界的热烈反响和好评。本年度成果聚焦核战略与核力量、核电产业与技术、核动力、核燃料循环、核技术应用、核聚变、核安全等七大领域，涉猎广泛、定位精细、深度适中、时效性高，具有较高的行业辨识度，极具可读性。

加大国际态势跟踪和策略对策研究，发挥情报的预警研判和战略牵引效能作用，为党中央、军方、政府主管部门，以及广泛从事和关心我国核事业发展的人士提供准确、系统的研究成果，可更好支撑新时代核工业创新发展，助力核强国建设。希望研究团队再接再厉，扎实做好研究工作，久久为功，多出成果，出好成果，更好地推动我国核事业不断向前发展。

王寿君

# 前　言

世界战略格局深刻演变，气候变化、能源安全等全球性问题日益突出，核工业作为高科技战略产业和国家安全重要基石，既是大国竞争的战略制高点，又是推动国际稳定和实现零碳排放的重要力量。为及时准确了解和研判国外核工业发展重点方向，剖析发展趋势，借鉴经验并分析风险，我们组织研究团队，多年来持续开展国外核工业与技术重大发展动向研究。《2023 年国外核工业与技术重大发展动向》聚焦 2022 年以来核战略与核力量、核电产业与技术、核动力、核燃料循环、核技术应用、核聚变、核安全等领域，遴选出 50 多个具有重大现实或潜在影响意义的专题，通过系统分析研究，集结成这一研究成果，期望对有关管理机构和科研一线的读者具有参考意义。由于编者水平有限，书中疏漏不当之处在所难免，敬希专家、读者批评指正。

《2023 年国外核工业与技术重大发展动向》课题组

2023 年 6 月

# 目　录

# 核战略与核力量

# 一、美国公布 2022 年版《核态势评估》报告

2022 年 10 月 27 日，美国国防部发布新版《核态势评估》报告。新版报告全面阐述了美国安全环境与威慑面临的挑战，提出定制威慑战略、加强地区核威慑、加强核力量建设、核军工能力现代化建设等一系列重大举措。

## 1. 相关背景

《核态势评估》报告是美国政府核战略与政策的指导性文件，由美国国防部负责制定。此前美国已发布四版《核态势评估》报告，分别由克林顿政府、小布什政府、奥巴马政府和特朗普政府于 1994 年、2001 年、2010 年和 2018 年发布，旨在分析新政府面临的核威胁，阐述核战略政策。此次 2022 年版《核态势评估》报告，首次与《国家防务战略》和《导弹防御评估》同步发布，体现了拜登政府用“一体化威慑”统筹核力量建设和运用的战略考量。

## 2. 主要内容

新版《核态势评估》报告包括“执行摘要”“安全环境与威慑面临的挑战”“核武器在美国战略中的作用”“定制核威慑战略”“加强地区核威慑”“军备控制、核不扩散与反恐怖主义”“美国的核能力”“具有

韧性和适应性的核军工企业”“结论”九章，主要内容如下：

（1）提出安全环境变化带来的四大挑战。**一是**中俄提升核武器地位，核大国之间发生军事对抗的风险上升；**二是**中国核力量扩张将强化其对外行为的“挑衅性”，美国和盟国将面临更大的压力；**三是**“机会主义侵略者”有可能当美国陷入大国战争时，在另外一个地区采取军事行动；**四是**常规打击能力的提高，以及网络、太空等新兴领域的发展，加剧了冲突升级的风险，涉核危机管控更为困难。

（2）明确核武器的三大作用。**一是**“威慑战略攻击”，用核武器慑止对美国的核攻击和战略性常规攻击；**二是**“向盟国和伙伴提供安全保证”，确保美国对盟国的核安全保证可信；**三是**“威慑失败时实现美国目标”，以可靠有效的核打击能力，随时执行总统下达的核打击命令，以最小代价、最有利条件结束冲突。

（3）细化“定制核威慑”战略。针对中俄朝伊等不同对手量身定制不同的核威慑战略。**针对中国，**运用W76-2低当量核弹头、远程轰炸机、核常两用战斗机和空基核巡航导弹等灵活的核打击装备进行核威慑，防止中国“通过使用或有限使用核武器获得优势”；**针对俄罗斯，**运用“三位一体”战略核力量以及灵活定制的区域威慑能力进行核威慑，确保俄清醒认识到以任何规模使用核武器将导致其无法承受的后果，不允许俄使用非战略核武器夺取战场优势；**针对朝鲜，**使其认识到使用核武器将导致政权的终结；**针对伊朗，**不允许其获得核武器。

（4）强化“延伸核威慑”战略。针对安全环境的变化采取相应措施，使盟国相信美国有意志和能力兑现安全承诺。**针对欧洲地区：**一是与盟国合作，密切跟踪俄罗斯核能力与核战略变化；二是通过演习等方式，提高核常两用战斗机执行核任务能力；三是加强北约核与常规能力整合；四是鼓励盟国更多地分担北约的核责任。**针对印太地区：**

一是加强与盟国的信息共享，寻求多边合作；二是保持部署远程轰炸机、核常两用战斗机等核武器的能力；三是提升核力量在该地区的显示度（如派遣弹道导弹核潜艇访问印太盟国港口、派遣远程轰炸机赴该地区执行任务等）；四是综合利用自身核威慑能力和盟国非核能力共同加强对该地区的威慑。

（5）进一步注重发挥军控的作用。**针对俄罗斯，**考虑到 2026 年《新削减战略武器条约》即将到期，重点与其就新军备控制条约开展磋商。**针对中国，**尝试开展接触和磋商，旨在建立降低战略风险的措施，形成保持相互克制的共识，开展必要的防核扩散合作。

（6）加强核力量建设。全面推进“三位一体”核力量现代化，力求 2030 年前开始分批部署运用如下装备：**陆基方面，**研制部署 400 枚“哨兵”洲际弹道导弹，替代“民兵”-Ⅲ洲际弹道导弹；研制 W87-1 核弹头。**海基方面，**建造 12 艘“哥伦比亚”级弹道导弹核潜艇，2030 年起开始交付，替代“俄亥俄”级弹道导弹核潜艇；完成 W88A-370 核弹头的批量生产；研制 W93 核弹头；开展“三叉戟”-Ⅱ D5 潜射弹道导弹的第二次延寿。**空基方面，**升级改造 B-52H 轰炸机；至少采购 100 架 B-21 轰炸机；研制远程防区外武器（LRSO）和 W80-4 核弹头；退役 B83-1 核航弹。**非战略核装备方面，**取消海基核巡航导弹项目；保留 W76-2 低当量核弹头，定期评估威慑效能；加快完成 F-35A 战斗机的核认证；完成 B61-12 核航弹的批量生产。

（7）提出核军工能力现代化的三项重点工作。**一是**制定“核威慑风险管理战略”，评估核武器研制计划存在的风险，确定多型武器研制的优先次序，确保在新旧武器替换过程中不出现核威慑能力缺口；**二是**制定“基于生产的韧性计划”，确保能够迅速对安全威胁和科学技术重大变化所导致的新需求作出响应，并有能力满负荷生产核武器；**三是**制定“科学和技术创新倡议”，加速科学技术在核领域的整合运用，减少设计和生产核武器所需的时间与成本。

### 3. 小结

新版《核态势评估报告》延续了美国的大国竞争战略，对核战略与核政策做出新的调整，强调实施将核力量与常规力量结合的综合威慑，将中国和俄罗斯同时作为首要核威胁对手。报告将核武器作为推进地缘政治目标的重要工具，提出要在技术上持续升级核武库、推进核军工能力现代化等措施。

（中核战略规划研究总院
袁永龙、赵　松、孙晓飞）

# 二、美国核力量 2022 年度发展分析

美国拜登政府继续推动本国核力量现代化建设，布局研制新一代战略武器装备。拜登政府于 2022 年 10 月发布新版《核态势评估》报告，明确指出“核威慑仍是国家的最高优先事项，并且是综合威慑的根本”，并强调要对“三位一体”核力量、核指挥控制与通信，以及核武器基础设施进行现代化，以确保对（中、俄）两个核大国实施威慑。

## 1. 战略武器新发展

2022 年，美国持续推进核武器装备升级换代与现代化改造，加紧研发测试高超声速武器，重点发展天地联合预警探测能力和海基拦截能力，增强战略导弹拦截效能，全面提升战略力量实战与威慑能力。

### (1) 研制下一代陆基洲际弹道导弹

2022 年 4 月，美国空军将下一代陆基洲际弹道导弹正式命名为“哨兵”（LGM-35A），目前处于工程与制造开发阶段。计划配装该导弹的 W87-1 核弹头研制工作可能因钚弹芯能力问题延迟，预计导弹服役初期仍将配装现役的 W78 和 W87 核弹头。7 月，空军开展的 W87-1 核弹头新型 Mk21A 再入飞行器的发射试验，因火箭助推器发生爆炸而失败。“哨兵”计划于 2023 年年底进行首次试射。

### （2）建造“哥伦比亚”级战略核潜艇首艇

2022 年 6 月，美国海军举行“哥伦比亚”级战略核潜艇首艇铺设龙骨仪式。根据美国海军 2023 财年预算申请，“哥伦比亚”级潜艇未来 5 年的研发采购经费合计约 375.02 亿美元，美国海军将于 2024 财年、2026 财年和 2027 财年各订购 1 艘“哥伦比亚”级潜艇。

### （3）加速推动空基核力量多样化发展

2022 年 5 月，首架 B-21 战略轰炸机原型机完成了载荷校准等一系列地面测试试验，并于 12 月 2 日首次公开展示，计划 2023 年进行首飞试验，2025 年形成初始作战能力，目前有 6 架原型机正在组装测试。9 月，美军开展了 B-52H 战略轰炸机换装发动机的风洞测试。该机计划换装 F-130 涡扇发动机，将于 2025 年起开始改装测试，2035 年前完成全部改装。5 月，美国空军核武器中心正式批准 F-35A 战斗机挂载 B61-12 核航弹的初始设计方案。目前，F-35A 战斗机的核作战资格认证工作已移交空中作战司令部，进行初始作战认证。

### （4）加紧高超声速武器研发，加强导弹防御预警能力建设

2 型高超声速导弹试验成功。2022 年 7 月，美国洛克希德马丁公司的 AGM-183A“空射快速反应武器”（ARRW），以及雷神公司和诺斯罗普格鲁曼公司的“超声速吸气式武器”（HAWC）相继试射成功。加强导弹防御预警能力建设。2022 年 5 月，美国雷神公司开发的首部“低层防空反导传感器”雷达进行一系列测试，验证作战环境中的探测能力。8 月，美国太空军第 6 颗也是最后 1 颗天基红外系统导弹预警卫星 SBIRS GEO-6，搭载“宇宙神”-5 火箭成功发射，标志着美军“天基红外系统”部署完毕。同月，美国北方司令部结束了用于导弹防御的“远程识别雷达”的测试，并计划未来几个月内投入使用。

## 2. 发展特点

### (1) 推进装备换代，保持陆基核力量总体规模

美国空军计划采购 659 枚“哨兵”导弹，2029 年起开始 1∶1 逐一替代“民兵”-3 导弹，2036 年完成全部部署。“哨兵”导弹系统仍采用现役“民兵”-3 导弹的固定式地下发射井。美国将于 2023 年起开始对这些发射井进行升级改造。

### (2) 海基核武器平台缩量提效

首艘“哥伦比亚”级战略核潜艇计划 2028 年交付海军，2031 年服役。美军共计划建造 12 艘，虽然相比现役“俄亥俄”级少了两艘，但是该潜艇采用全电推进技术和 X 型艉舵，静音性和操纵性更好；采用 S1B 型全寿期反应堆，无需中期大修，战略值班时间延长，因此实际作战效能得到提升。

### (3) 空基核力量保持多样化发展

正在研制的 B-21 新型战略轰炸机采用全向宽频隐身技术，具备强突防能力；可携载核航弹及多型常规航弹，实施临空轰炸和打击深埋目标，亦可携载“远程防区外武器”巡航导弹遂行防区外远程打击。B-52H 轰炸机将换装新的航空发动机、航电设备等，继续服役至 2050 年。对部分 F-35A 隐身战斗机实施改装，使其具备执行核打击任务的能力，丰富核打击手段和方式。

### (4) 加速发展高超声速武器

美国空军 AGM-183A 高超声速导弹计划 2023 年服役并形成初始作战能力，2027 年年底前大批量列装。此外，美国陆军和海军的高超声速导弹（同型导弹不同发射方式）分别计划于 2023 年和 2025 年开始部署。

### (5) 高度重视弹道导弹预警与探测感知能力建设

针对高超声速武器威胁，美国高度重视预警探测能力建设，研发多个预警卫星与雷达系统，包括“下一代过顶持续红外”导弹预警卫星系统、“高超声速和弹道跟踪太空传感器”“远程识别雷达”“低层防空反导传感器”雷达等，全面提升对包括高超声速武器在内的预警探测、精确跟踪、目标识别与毁伤评估能力，为美国导弹防御提供支持。

## 3. 未来发展趋势

### (1) 建成更强大的战略核威慑与打击能力

美国将继续推进陆海空战略核运载平台更新换代，保量增质。一是研制“哨兵”陆基洲际弹道导弹导弹，提高陆基核力量生存能力与先发核打击响应速度。二是建造“哥伦比亚”级战略核潜艇，进一步提升二次反击能力。三是研制 B-21 战略轰炸机取代 B-2A，与改造后的 B-52H 轰炸机互补，显著提升空基快速打击与突防能力。

### (2) 加强全球快速战略打击能力建设

美国将加快高超声速武器的试验和部署，将形成陆海空基灵活部署发射的全球快速打击能力，与传统的弹道导弹等打击方式相比，更加难以探测拦截，打击更加可靠，并可能配装核弹头。

### (3) 完善全球导弹防御系统

美国将继续完善陆基和海基中段防御系统，形成以本土为后盾，以亚太、中东和欧洲为重点区域的一体化、多层全球导弹防御系统，构建成以天基红外卫星、无人机载红外系统、地基雷达、海基雷达组成的精确预警探测跟踪网络，并形成对高超声速导弹预警探测的能力。

（中核战略规划研究总院
赵　松、孙晓飞、袁永龙）

# 三、美国2023财年核力量建设预算分析

2022年3月28日，美国拜登政府公布了2023财年国防预算申请。截至4月底，各军种陆续公布了预算细节。美国2023财年国防预算优先考虑太空、“三位一体”核力量和网络等方面，其中核力量建设预算申请509亿美元（占国防预算6.3%），包括美国国防部核力量现代化预算344亿美元和能源部核武器活动预算165亿美元，总额较2022财年增加18%。

## 1. 国防部核力量现代化预算主要投向

美国国防部核力量现代化预算申请344亿美元，较2022财年增加24%，重点支持七大核武器装备现代化项目。

**一是“哥伦比亚”级弹道导弹核潜艇研发与建造预算63亿美元。**“哥伦比亚”级核潜艇是美国新一代弹道导弹核潜艇，未来将替代现役“俄亥俄”级弹道导弹核潜艇。目前该级潜艇的首艇正在建造中，第二艘将于2024年开建。预算主要用于首艇的建造和后续潜艇的先期采购，并继续资助对核技术及推进系统、作战系统、通用导弹舱等舰船系统的研发。

**二是“哨兵”洲际弹道导弹研制预算36亿美元。**2022年4月5日，美军将原“陆基战略威慑”系统正式命名为“哨兵”洲际弹道导

弹。目前导弹正处于工程与制造开发阶段，预计 2026 年开始生产。预算主要用于继续推进工程与制造开发阶段的各项活动，并对多个子系统进行关键技术审查。

**三是 B-21 战略轰炸机研制预算 50 亿美元。**B-21 是美国新一代战略轰炸机，未来将替换现役 B-2A 战略轰炸机。目前首架 B-21 原型机已开始进行地面测试，另有 5 架原型机正在制造。预算主要继续用于 B-21 的工程与制造开发活动。

**四是“三叉戟”-Ⅱ D5 潜射弹道导弹延寿预算 17 亿美元。**“三叉戟”-Ⅱ D5 潜射弹道导弹部署于“俄亥俄”级弹道导弹核潜艇，目前导弹正在进行第一轮延寿，第二轮延寿的技术开发也已同步开始。预算主要用于采购经过第一轮延寿的导弹，并资助下一轮延寿相关技术的开发，包括固体火箭发动机、引信、制导系统及其他关键部件等方面的技术。

**五是 AGM-181 远程防区外空射核巡航导弹研发预算 10 亿美元。**AGM-181 是美国新型空射核巡航导弹，未来将替代现役 AGM-86B 空射核巡航导弹。目前导弹正处于工程与制造开发阶段，计划到 2027 年为批量生产做好准备。预算主要用于导弹的设计、开发、集成和测试活动。

**六是 F-35A 隐身战斗机改造预算 0.2 亿美元。**F-35A 为第五代战斗机，美军正在对其进行改造，使之能够携带核航弹。预算主要继续用于 F-35A 战斗机的改造和核认证活动。

**七是核指挥、控制与通信（NC3）系统现代化预算 48 亿美元。**NC3 系统由一系列陆基、空基、天基系统和设施构成，在总统和核力量间构建起可靠的连接。预算主要用于新的战略卫星通信系统研发、E-4B 国家空中行动中心升级改造、塔卡木通信系统现代化等项目。

### 2. 能源部核武器活动预算主要投向

美国能源部国家核军工管理局核武器活动预算 165 亿美元，与 2022 财年基本持平，主要用于核武器库存管理、材料和部件生产加工、先进技术开发、基础设施运行等四方面。

**一是核武器库存管理预算 49 亿美元。** 主要用于核武器现代化、库存维护、核武器拆除和处置三个方面，重点包括：W93 核弹头的研发，W87-1 核弹头、W80-4 核弹头、B61-12 核航弹和 W88 改型 370 核弹头的延寿或改造，各型核弹头的维护、监测、评估和有限寿命部件的改动、更换。此外，预算还用于启动核军工企业保障项目，加强对核军工企业在核武器现代化过程中引入数字技术等新兴技术的风险管控。

**二是核武器材料、部件生产加工预算 46 亿美元。** 主要用于核武器材料、部件生产加工设施和能力的现代化，重点包括：大幅增加对钚弹芯生产加工装置现代化的投入；支持高能炸药、高浓铀、贫铀、氚材料、锂材料，以及非核部件生产加工技术的开发、流程的改进和相关设施的升级改造。

**三是核武器相关的先进技术开发预算 29 亿美元。** 主要用于评估科学、先进模拟和计算、惯性约束聚变、工程与综合评估等方面，重点包括：继续开展大型多脉冲加速器、中子诊断测量方法等方面的研究，以持续增强次临界实验能力；部署运行首个百亿亿次级高性能计算机系统，改进物理、工程代码和模型；支持高能物理研究，开发成熟的实验平台。

**四是基础设施运行预算 26 亿美元。** 主要用于基础设施运行、维护和现代化，重点包括：支持核武器相关材料、部件生产加工设施的日常安全运行和维护活动，处理、储存日常产生的放射性废物；对老旧基础设施进行现代化改造。

### 3. 预算主要变化分析

**一是国防部核力量现代化预算申请大幅增加。**主要原因是多个核武器现代化项目已进入工程与制造开发阶段或建造阶段，相关的测试、评估和采购费用大幅增加。预计到 2030 年，以“哨兵”洲际弹道导弹、“哥伦比亚”级弹道导弹核潜艇、B-21 战略轰炸机为代表的美军新一代核力量将初步形成，核威慑与核打击能力将进一步增强。

**二是能源部钚弹芯生产加工预算大幅增加。**主要原因是为确保钚弹芯生产能力在 2030 年达到不少于 80 个/年的目标，加大了对洛斯阿拉莫斯国家实验室和萨凡纳河场址内钚弹芯生产加工装置现代化的投入，避免钚弹芯生产能力的重建进度因经费投入不足受到影响。

**三是能源部新增核军工企业保障项目。**主要原因是美国认为核武器现代化过程中引入数字技术导致了新的风险出现，这些风险可能会对核武器的安全和性能造成极大影响。核军工企业保障项目将发展成熟的方法手段，预防、监测和处理核武器设计、生产和测试活动中引入数字技术或集成数字系统带来的风险，制定核武器网络安全相关的政策、监督程序和要求，确保数字技术能安全可靠地应用于核武器现代化活动。

**四是国防部终止了特朗普执政时期启动的海基核巡航导弹项目。**主要原因是开发成本过高，取消海基核巡航导弹项目将在未来 5 年节省总计 21 亿美元经费。但美军内部对此仍有争议，战略司令部司令向国会呼吁保留海基核巡航导弹项目，国会后续有可能恢复该项目。

（中核战略规划研究总院
袁永龙、孙晓飞、宋　岳、张馨玉）

# 四、美国大幅增加 2024 财年核力量建设经费

2023 年 3 月 13 日，拜登政府公布了 2024 财年国防预算申请报告，预算重点是落实 2022 年《国家国防战略》《核态势评估报告》等顶层战略性文件的要求，首要任务是解决所谓中国步步紧逼的挑战，白宫在发布的“情况说明”文件中指出，中国是美国唯一的竞争对手，美国为确保国家安全，强调要在全球“竞胜中国”，值得我国高度关注。

## 1. 美国 2024 财年国防预算申请概况

2024 财年美国国防预算申请报告总额 8 863 亿美元，较 2023 财年批准拨款 8 586 亿美元增长了 3.2%。值得注意的是，核力量预算 565 亿美元，较 2023 财年增加 33 亿美元，增长了 6.2%，约占美国防预算总额的 6.4%。

### (1)“一体化威慑”概念进一步强化

“一体化威慑”预算共 1 253 亿美元，较 2023 财年申请预算 1 051 亿增长了 19.2%。主要包括五个部分：①“核力量现代化”377 亿美元，用于支持新一代核运载系统研制，以及核指挥、控制与通信系统的现代化。②“导弹防御”298 亿美元，其中为关岛的防御投资 15 亿美元。③“远程火力打击”110 亿美元，用于具备初步的全域高超声速能力；增加高生存力的亚音速武器数量并提高能力。④“太空和天基系统”

333 亿美元，以确保太空安全地用于军、民和商业行动。⑤“网络空间活动”135 亿美元，以减少被攻击面并加强各军事部门和美国国防机构网络数据的安全等。

### (2) 武器装备采购和研发预算创历史新高

美国国防部武器装备采购和研发预算达 3 150 亿美元，较 2023 财年申请预算 2 760 亿增长了 14.1%。其中，武器装备采购 1 700 亿美元，研究、开发、试验与鉴定预算 1 450 亿美元。重点包括：空军装备 611 亿美元；指挥、控制、通信、计算机和情报（C4I）系统 145 亿美元；反导装备 148 亿美元；导弹及弹药 306 亿美元；海军装备 481 亿美元；天基系统 261 亿美元；陆军装备 139 亿美元；科学技术 178 亿美元；人工智能 18 亿美元等。

### (3) 美国国防部战备预算继续增加

美国国防部战备预算达 1 460 亿美元，较 2023 财年申请预算 1 347 亿美元，增长了 8.4%。包括陆军 288 亿美元，海军 528 亿美元，海军陆战队 44 亿美元，空军 399 亿美元，太空军 33 亿美元，特种作战司令部 97 亿美元，联合能力 71 亿美元。

## 2. 美国国防部核力量预算继续大幅提高，旨在全面提升核威慑能力

美国国防部负责核力量运行以及核运载系统研制生产等工作。其中一部分预算将用于支持 5 个重大核武器装备项目（见表 1）。美国目前在役的“三位一体”核运载系统主要包括 6 类装备：“民兵”-Ⅲ洲际弹道导弹、“三叉戟”-Ⅱ潜射弹道导弹、AGM-86B 空射巡航导弹、“俄亥俄”级弹道导弹核潜艇、B-2A 战略轰炸机以及 B-52H 战略轰炸机。国防部正组织力量，加紧 4 类新装备研制，并对“三叉戟”-Ⅱ潜射弹道导弹进行升级改进，实现更新换代、全面提升核打击能力，同时确保核威慑持续到 2080 年前后。

表 1　美国国防部 5 个重大核武器装备项目预算统计

（单位：亿美元）

| 项目 | 2022 财年实际拨款 | 2023 财年批准拨款 | 2024 财年预算 | 2024 财年与2023 财年相比较 |
|---|---|---|---|---|
| LGM-35A“哨兵”洲际弹道导弹 | 24.8 | 36.2 | 42.8 | +6.6 |
| “哥伦比亚”级弹道导弹核潜艇 | 51.6 | 62.7 | 62.1 | −0.6 |
| B-21 远程战略轰炸机 | 28.8 | 48.0 | 53.2 | +5.2 |
| 远程防区外导弹 | 5.8 | 9.8 | 9.8 | 0 |
| “三叉戟”-Ⅱ潜射弹道导弹 | 15.9 | 17.2 | 19.3 | +2.1 |
| 合计 | 126.9 | 173.9 | 187.2 | +13.3 |

#### （1）新一代 LGM-35A“哨兵”洲际弹道导弹研制项目

2024 财年预算 42.8 亿美元，较 2023 财年批准拨款 36.2 亿美元增加 6.6 亿美元，增长 18.3%。“哨兵”将替换现役的“民兵”-Ⅲ洲际弹道导弹。拟于 2023 年年底首飞，2029 年具备初始作战能力，2036 年实现 400 枚的全面作战能力。

#### （2）新一代“哥伦比亚”级弹道导弹核潜艇研制项目

2024 财年预算 62.1 亿美元，与 2023 财年批准拨款持平。该项目于 2011 年启动，计划建造 12 艘。潜艇采用了新型的核反应堆，在服役 40 年的全寿期内无须换料，将于 2030 年 10 月起逐步替换现役的“俄亥俄”级核潜艇，可一直服役到 2080 年之后。

#### （3）新型 B-21“突袭者”远程战略轰炸机研制项目

2024 财年预算 53.2 亿美元，较 2023 财年批准拨款 48 亿美元增加 5.2 亿美元，增长 10.8%。该项目 2014 年启动，美国空军计划至少采购 100 架。B-21 核常兼备，拟于 21 世纪 20 年代中期交付，在具备初始作战能力后的 2 年内具备核能力，用于取代 B-2 和 B-1（不执行核任务）战略轰炸机。

#### (4) 新一代远程防区外核巡航导弹（LRSO）研制项目

2024 财年预算 9.8 亿美元，与 2023 财年批准拨款持平。LRSO 能够穿透复杂的先进综合防空系统，远距离快速打击和突防能力增强。拟于 2030 年具备初始作战能力，共采购 1 000～1 100 枚，以替代现役的 AGM-86B 空射巡航导弹，可配装于 B-52H、B-2A 和未来的 B-21 轰炸机。

#### (5)“三叉戟”-Ⅱ潜射弹道导弹延寿项目

2024 财年的预算 19.3 亿美元，较 2023 财年批准拨款 17.2 亿美元增加 2.1 亿美元，增长 12.2%。“三叉戟”-Ⅱ潜射弹道导弹近期已延寿，可部署于“俄亥俄”级和“哥伦比亚”级弹道导弹核潜艇；2022 财年将启动新一轮现代化改造，延长导弹寿命的同时提升导弹的突防、精确打击能力，提高灵活性和适应性；拟于 2039 财年开始部署于“哥伦比亚”级核潜艇，可服役到 21 世纪 80 年代。

### 3. 美国能源部持续开展核武器活动，着重实现核弹头和核军工能力现代化，确保保持安全可靠有效的核武库

美国能源部 2024 财年的核武器预算 188 亿美元，较 2023 财年批准拨款增加 17.2 亿美元，增长 10.1%。其中，167 亿美元（约占核武器预算 89%）将用于开展核弹头、军用核材料、基础设施维护与现代化以及先进技术发展等工作（见表 2），剩余 11%用于国防核安全、学术项目等。

表 2 美国能源部核武器工作预算统计

（单位：亿美元）

| 项目 | 2022 财年批准拨款 | 2023 财年批准拨款 | 2024 财年预算 | 2024 财年与 2023 财年相比较 |
|---|---|---|---|---|
| 核弹头维护与现代化 | 46.4 | 49.4 | 52.0 | +5.1% |
| 核材料/部件生产现代化 | 41.6 | 51.2 | 55.6 | +8.6% |

续表

| 项目 | 2022 财年批准拨款 | 2023 财年批准拨款 | 2024 财年预算 | 2024 财年与2023 财年相比较 |
|---|---|---|---|---|
| 先进技术研发 | 28.7 | 29.5 | 32.0 | +8.4% |
| 基础设施运行维护与现代化 | 24.9 | 26.0 | 27.7 | +6.3% |
| 安全资产运输 | 3.3 | 3.4 | 3.6 | +3.7% |
| 国防核安全 | 8.4 | 8.7 | 10.2 | +16.6% |
| 学术项目和支持 | 1.1 | 1.1 | 1.5 | +36.1% |
| 信息技术与网络安全 | 4.1 | 4.5 | 5.8 | +29.8% |
| 合计 | 159.2 | 171.1 | 188.3 | +10.0% |

### (1) 核弹头维护与现代化

2024 财年核弹头维护与现代化预算 52 亿美元，较 2023 财年批准拨款增长 5.1%。其中大部分预算（60%，31 亿美元）用于开展 B61-12、W80-4、W88 改型 370、W87-1、W93 等 5 型核弹头现代化项目。其中，10.1 亿美元将用于 W80-4 项目；10.7 亿美元将用于 W87-1 项目，较 2023 年批准拨款增长了 57.2%；3.9 亿美元将用于 W93 项目，较 2023 年批准拨款增长了 62%。

### (2) 核材料/部件生产现代化

2024 财年核材料/部件生产现代化预算 55.6 亿美元，较 2023 财年批准拨款增长 8.6%。将主要用于钚材料、钚弹芯、氚材料、铀材料、锂材料的生产加工储存，满足核武库需求。其中，27.7 亿美元（60%）将用于钚材料操作和钚弹芯生产能力重建。拟于 2024 年制造出第一个战备用钚弹芯，2026 年建立年产至少 30 个弹芯的能力，尽可能在 2030 年建立年产至少 80 个钚弹芯的能力；7.6 亿美元将用于 Y-12 工厂有关铀处理设施的建设，较 2023 年批准拨款增长 109.9%。

### (3) 先进技术研发

2024 财年先进技术研发预算 32.0 亿美元，较 2023 财年批准拨款增长 8.4%。重点开展评估科学、先进模拟与计算、惯性约束聚变、工程与综合评价、武器技术与制造成熟等技术发展，为“基于科学”的核弹头库存决策和行动提供科学依据。

### (4) 基础设施运行维护与现代化

2024 财年基础设施运行维护与现代化预算 27.7 亿美元，较 2023 财年批准拨款增长 6.3%。其中绝大部分预算（92.4%）将用于现有设施的运行、维护，确保现有设施得以安全和安保方式运行。

## 4. 小结

综上，在美国 2024 财年国防预算增长 3.2%的情况下用于核力量建设的预算增长了 6.4%，用于核力量建设的预算占比相比 2023 财年有了较大增加。表明美国仍继续加紧核力量的现代化，增强其核威慑能力，这延续了美国 2022 年《国家国防战略》的总基调，即核威慑仍是美国最高优先事项。

（中核战略规划研究总院

赵　畅）

# 五、美国核武器相关计算机模拟仿真进展

“先进模拟与计算”计划（ASC）是美国在禁核试形势下开展的一项与核武器相关的计算机模拟仿真计划，至2023年已实施28年，取得诸多里程碑进展。该计划作为替代核试验的一种手段，与实验室实验、外场试验等手段一道，验证了禁核试条件下美国核弹头的安全可靠和有效性，确保了对核威慑的信心。同时，该计划引领了美国高性能计算平台与技术的大力发展，为确保美国在高性能计算领域处于全球领先地位发挥了重要作用。

## 1. “先进模拟与计算”计划的实施背景

“先进模拟与计算”计划的前身是1995年设立的“加速战略计算倡议”。该计划提供了基于科学的模拟仿真和计算能力，最初旨在对核武器等相关工作进行高保真模拟，以验证核弹头的安全可靠和有效性，目前应用于核弹头年度评估和库存认证、新弹头与新部件的设计研制、防扩散、应急响应等领域。

冷战时期，美国核武器研制以核试验为基础，累计开展了1 000余次核试验，以验证核武器设计并评估其作战效能。冷战结束后，美国于1992年宣布暂停核试验，并于1996年签署《全面禁止核试验条约》。在签署该条约之前，美国预估禁核试形势对核武器工作的重要影

响，于 1995 年设立以科学为基础的核武器库存管理计划，用于确保核武库继续安全可靠有效。美国在该计划下设立了“加速战略计算倡议”，以便开发部署计算机模拟仿真能力，并将其和真实实验相结合，从而取代全规模核试验。随着该倡议的逐渐成熟和成功，以及模拟仿真需求的日益增加，美国 2002 年将该倡议调整为一个长期计划，并更名为“先进模拟与计算”。

“先进模拟与计算”计划目前包括六项工作。**一是**开发综合代码，用于物理和工程管理评估，以支持核武器的概念研究、认证、维护分析、延寿改进和拆除等活动。**二是**建立物理和工程模型，提供美国核武库模拟仿真用的模型和数据库。**三是**开展验证和确认，即提供评估模拟仿真保真度的能力和相关证据，说明模拟仿真能够得出反映真实情况的数学可信答案。**四是**先进技术开发，即开发与下一代计算架构相适应的新综合设计代码以及下一代计算技术与软件。**五是**开发计算系统和软件环境，即建立综合、平衡和规模化的计算能力，包括设计开发和部署高性能计算系统，提供全面、稳定的使用环境。**六是**设施运行和用户支持，即提供能够从事核武器模拟仿真的相关设施和服务，包括场所、电力、公共基础设施、网络安全等。

### 2. “先进模拟与计算”计划的实施方式

“先进模拟与计算”计划由美国能源部国家核军工管理局领导，由三个核武器实验室（洛斯阿拉莫斯、劳伦斯利弗莫尔、桑迪亚）牵头，并与工业界、学术界等合作实施。

洛斯阿拉莫斯、劳伦斯利弗莫尔、桑迪亚三个国家实验室归属能源部国家核军工管理局分管。“先进模拟与计算”计划采取“一个计划、三个实验室”的原则，即由三个国家实验室负责具体组织和牵头落实，模拟仿真职责由三个实验室共同承担，高性能计算能力配置到三个实验室，地下核试验和最新实验数据等资源供三个实验室访问和共享。三个实验室不仅承担核武器相关活动的模拟仿真等任务，还要保持一支专业队伍，以便与供应商进行有效和战略性接触，为国家核军工管理局构建和维持至关重要的高性能计算生态系统。同时，实验室还要承担一些软件和工具的开发工作，确保进行高水平的模拟仿真工作（在计划实施初期，因为无法从外部采购，大部分软件由实验室自行开发）。

国家实验室按照商业模式与工业界合作，即与工业界签订技术转让或合作研发协议，建立强有力的伙伴关系，持续支持超级计算机平台以及相关软硬件的开发。在商业模式下，“先进模拟与计算”计划的组织者会先按照严格的流程来制定招标书的技术规范，然后发布招标书，组织投标书评审，最后通过整合工业界资源来购买平台。在计划实施的近 28 年中，工业伙伴包括 IBM、英特尔、Cray 等。高性能计算平台是一个由硬件和软件集成的系统，硬件和软件通常由独立供应商开发，然后由系统集成商集成。

国家实验室与学术界的合作，是通过实施学术联盟项目、建立联盟关系的形式展开。许多算法和模型都由大学开发，这样不仅使国家实验室无需进行开发，而且还能够使模拟仿真的思维更加多样化。另外，大学还成为国家实验室引入新思想和新员工的重要渠道。

“先进模拟与计算”计划也会与能源部科学办公室的“先进科学计算研究”计划合作。在“先进科学计算研究”计划下，科学办公室分管的橡树岭国家实验室率先部署了 E 级（百亿亿次浮点运算）超级计算机。为了汇聚众智和资源，美国国家核军工管理局和科学办公室于 2011 年签订《谅解备忘录》并于 2016 年进行了更新，以加强在硬件、算法、应用程序和系统软件等领域开展合作。双方目前正在联合实施“E 级计算项目”，计划 2023 年在劳伦斯利弗莫尔国家实验室部署 E 级计算能力。

“先进模拟与计算”计划和国家核军工管理局的其他单位和大型设

施之间也在开展合作，以便推动双方创新。该计划的模拟仿真结论需要利用大型科学设施的实验来验证，如国家点火装置、双轴 X 射线照相流体动力学试验装置、Z 装置、中子科学中心等，因为实验能够提供真实数据，有助于正确解释相关物理过程，用于分析和改进物理模型，从而实现更精确的模拟仿真。同时，“先进模拟与计算”计划又能够对实验设施的数据进行建模，将此类建模和当前的实验以及从前核试验的数据相结合、比对，从而可以更好地验证核武库的安全可靠和有效性，进一步增强对核威慑的信心。

为将新兴技术吸收到高性能计算生态系统中，“先进模拟与计算”计划正在采取“联合设计”模式。“联合设计”是实验室、供应商和大学之间的一种协作程序，以便将从硬件架构师、系统软件开发人员到核领域科学家、计算机科学家和应用数学家等所掌握的广泛专业知识相结合，鼓励所有相关方尽早建立“共生”关系，通过开放式沟通和协作，共同设计和优化系统规范。

### 3. “先进模拟与计算”计划的实施成效

“先进模拟与计算”计划在助力美国在禁核试形势下确保核武库安全可靠有效、助推美国保持高性能计算领域的全球领先地位上作出了重要贡献。

在核武器相关活动模拟仿真方面，**一是**持续开展全规模核武器爆炸三维模拟，能够对核武库的安全可靠和有效性进行高保真建模，详细说明每个核武器系统的状态。模拟的结果是禁核试形势下能源部核弹头年度评估报告的基石。**二是**可对核弹头及其组件的设计、生产、鉴定、评估和认证等活动进行高保真模拟仿真，并能够对冲击、振动、坠落、极端温度和大功率脉冲等实验进行严格计算分析，从而有利于快速开展核弹头的设计开发，延长弹头寿命，提高安全可靠和可制造性，降低成本，并防止意外引爆或非授权使用。**三是**开发的模型可描述钚材料在极端条件下的行为，从而更好地了解钚材料及其老化过程，确保钚弹芯的可靠性。**四是**对撞击等各种意外场景进行研究，结合实验结果制定各种应急响应方案，确保核武器及特种核材料运输过程中的安全与安保。

在引领美国高性能计算的创新发展方面，**一是**支持超级计算机系统的开发和定期部署，三个核武器实验室已先后部署 10 余台超级计算机，2005 年率先达到 100 太拉浮点运算速率（“紫色”超级计算机），将计算机的运算速率较 1995 年提高 10 000 倍，实现该计划的第一个十年目标；2008 年率先实现皮特级（$10^{15}$）运算；2020 年率先达到 100 皮特浮点运算；2023 年拟部署 E 级超级计算机。**二是**支持多物理场代码、相关模型和算法的开发，包括相关代码套件、流体动力学算法、湍流建模、材料模型等。这些代码、模型不仅在能源部国家实验室得到应用，而且还在国防部等得到应用，如 Cheetah 动力学模型和 SESAME 数据表等已得到广泛应用，高能炸药模型在国防部众多常规弹药中被广泛应用。

“先进模拟与计算”计划目前正在支持机器学习和人工智能的广泛应用，包括用于核武器设计、生产、鉴定和认证活动中的特征模拟。如在钚弹芯的生产中采用机器学习方法，有望显著节省生产成本和时间。能源部认为，人工智能和机器学习将对硬件和软件的发展造成显著影响，随着技术的发展，计算机模拟仿真将会在未来得到越来越广泛的应用。

### 4. 小结

“先进模拟与计算”计划已实施 28 年，作为替代核试验的一种手段，其开发能力和开展的核爆炸模拟等工作，为确保美国核武器安全可靠和有效性发挥了重要作用。同时，该计划支持超级计算平台、软硬件等的开发，为确保美国在高性能计算领域的全球领导地位作出了极其重要的贡献。

“先进模拟与计算”计划的成功由多重因素决定。**一是**作为一个专项计划，它采取了“一个计划、三个实验室”的原则，由三个核武器国家实验室大力合作并共享资源。实验室不仅是超级计算平台的需求方，也是深度参与方，除了提出技术规范，还负责重点软件和工具的开发，既可确保平台能够满足要求，又可最大化利用平台开展模拟仿真工作。**二是**采取协同攻关模式，在内部，三个核武器国家实验室与美国国家核军工管理局分管的其他核武器和军用核材料单位及大型实验设施合作，将模拟仿真结果与真实实验相比较，完善相关工具和程序；在外部，国家实验室和工业界、学术界建立了良好的伙伴关系，协同开发硬件、软件与应用程序，并充分利用了核领域先进技术、应用数学、计算机科学、先进光刻技术和纳米材料科学等关键研究领域的重大成果，从而将高性能计算转变为核武器科学和工业领域的一种能力更强的工具。**三是**多学科有效融合，核武器和军用核材料设计开发的科学家、硬件架构师、系统软件开发人员、计算机科学家和应用数学家等人员参与，实现了核科学技术、硬件架构、软件开发、计算机科学、应用数学等专业知识的深度融合，确保计划取得成功。**四是**经费方面长期得到大力支持，近年来年均经费均在 7 亿美元以上。**五是**拓宽应用领域，除核武器和军用核材料领域，“先进模拟与计算”计划还在先进反应堆、核燃料循环、核基础科学等领域应用，推动相关技术发展，确保美国在涉核技术方面处于全球领先地位。能源部已将先进的机器学习、人工智能技术应用到高性能计算领域，必将进一步推动涉核技术的发展。

（中核战略规划研究总院
王春芬、赵培源）

# 六、美国军用核材料能力建设进展分析

2022 年 3 月 28 日，美国拜登政府公布了 2023 财年国防预算申请，截至 4 月底，各军种陆续公布了预算细节。能源部国家核军工管理局核武器活动预算为 165 亿美元，其中 46 亿元用于军用核材料、部件的生产加工。军用核材料主要包括军用高浓铀、军用钚、军用氚和军用锂。由于氚的半衰期为 12.3 年，每年会因衰变损失 5%，美国 2003 年恢复了氚的生产。核材料相关设施均存在设施老化、专业人员缺失等问题。2022 年新版《核态势评估》报告指出，为了维持安全、可靠以及有效的核威慑，美国必须发展和部署平衡、灵活的核武库。美国将恢复以及确保钚弹芯生产、铀加工设施、氚生产等军用核材料以及核武器部件生产供应的可靠性。

## 1. 核材料能力建设背景

冷战时期，美国为在与苏联的核军备竞赛中取得优势，生产大量军用核材料。冷战结束前后，由于军用核材料储备充足，美国曾暂停所有军用核材料生产，将维持现有核武库作为工作重点。2008 年，美国国防部和能源部发布一份联合报告称，虽然通过翻新延长了现有核弹头的使用寿命，但美国仍不具备制造新的核武器的能力。钚弹芯是核弹头的关键部件，美国现有库存弹芯均为 1978—1989 年间制造，现阶段生产的弹芯仅限研究使用，无法满足战争储备需要。氚是核武器的关键战略材料，美国目前的氚储量不足以维持未来的核力量，也不足以应对未来的不确定性。此外，美国也不具备高浓铀、锂等核武器关键材料的生产能力，仅通过拆除退役弹头回收锂来维持新弹头的生产和部署，将不足以支撑美国核武库的更新和替换。

2018 年《核态势评估》报告提出，美国必须有能力维持和认证一个安全、可靠以及有效的核武库，与美国国防部核武器替换计划保持同步，按时交付核弹头，维持战略与非战略核力量。为避免库存弹头老化，支持核武器延寿计划，同时应对未来的不确定性，美国国防部提出到 2030 年前每年至少生产 80 个钚弹芯的计划，以维持延寿计划以及后续相关计划的顺利实施。为维持氚的库存，美国制定相关计划将在未来大幅提高氚的生产。为解决基础设施老化、维持核武库能力，美国正在进行大量研发任务。拜登政府在 2022 年新版《核态势评估》报告中提出，为了维持安全、可靠及有效的核威慑，美国必须发展和部署平衡、灵活的核武库，以应对外部的威胁和不确定性，同时保持有效性。为实现这一目标，美国将建立有效的能力和基础设施，确保核武器的生产效率。报告指出，对于核武器初级部件，美国未来十年的最高优先事项是钚弹芯的生产。恢复钚弹芯的生产能够应对当前库存核武器中钚老化引起的不确定性，同时能够在必要时为未来的核武器生产新型弹芯。此外，“双场址”战略可避免单一场址出现问题，提高产能的灵活性。次级部件生产方面，美国未来的发展方向是全面建成和运行铀加工设施，以及开展贫铀和锂设施的现代化任务。氚生产方面，未来美国将确保国内氚的可靠生产和供应韧性，以及确保氚组件具有更长的运行寿命。

## 2. 核材料能力建设情况

### (1) 恢复钚弹芯的生产能力

美国已拥有足够的军用钚库存，现已暂停生产，目前主要进行钚弹芯生产、钚材料加工等工作。为弥补钚弹芯生产能力的不足，美国国防部和美国能源部于 2018 年 5 月正式宣布“双场址”战略，即在洛斯阿拉莫斯国家实验室建设年产至少 30 个钚弹芯的设施，在萨凡纳河建设年产至少 50 个钚弹芯的设施。未来，这两座设施每年可生产总计 80 枚钚弹芯。

美国能源部于 2018 年 5 月宣布将对已停止建设的萨凡纳河混合氧化物燃料制造设施进行改造，并在此基础上建设钚弹芯生产设施。混合氧化物燃料制造设施原本计划用于处置冗余军用钚，后因造价严重超支而停建。萨凡纳河钚弹芯生产项目于 2021 年 6 月完成项目成本的初步估算，预估总造价为 69 亿～111 亿美元，将于 2032—2035 年建成投运。

洛斯阿拉莫斯钚弹芯生产设施建设项目 2021 年 4 月完成项目造价和日程的初步估算，预估总造价为 27 亿～39 亿美元，将于 2027—2028 年建成投运。2022 年 1 月，美国国家核军工管理局批准洛斯阿拉莫斯国家实验室的场地整备项目，计划 2026 年完工，届时将为钚弹芯生产所需安装的新生产设备腾出空间。同年 5 月，美国国家核军工管理局计划 2023 财年开始在未来 5 年为该实验室新建 5 座建筑，以支持钚弹芯生产以及钚相关的生产任务。新建成本将超过 2.4 亿美元。

### (2) 全面推进铀加工设施建设和贫铀工艺现代化

美国有足够的军用高浓铀库存，已暂停其生产，目前主要进行铀材料和部件的生产和加工。高浓铀的储存、拆卸、处置等工作主要在

Y-12 国家安全综合体进行。为保障铀材料/部件的生产加工能力，美国在大力推进铀加工设施建设的同时，积极应对 Y-12 综合体 9212 大楼中现有铀加工设备老化的问题。

Y-12 铀加工设施建设将确保美国浓缩铀加工和处理能力的长期稳定和安全。该设施计划 2025 年前投运，总投资额不超过 65 亿美元。其建设项目包含 7 个子项目：准备工作已于 2015 年 2 月完成；现场基础设施和相关保障工作于 2018 年 2 月完工；变电站于 2019 年 12 月建成；机械/电气建设、配套设施保障、主要工艺流程建设等正在持续推进中。由于具备现代化、高效、安全等优势，该设施建成后将替代 9212 大楼中的绝大部分现有设施，确保铀加工作业的顺利推进。9212 大楼建于 1945 年，是美国最早开展金属铀部件加工的设施，存在超龄服役、设备老化等问题。Y-12 正在逐步淘汰 9212 大楼的湿法化学工艺和危险性高的金属转化工艺，计划 2025 年前完全关闭该大楼，届时将由铀加工设施接替。为在过渡期内保持铀加工能力，美国能源部计划在该大楼安装电精炼、煅烧、切屑熔化工艺设备，作为现有工艺设备的替代和优化。2020 年 9 月，Y-12 利用新型电精炼系统生产出首个工业品位的金属铀产品，成功证明该工艺可用于金属铀的加工制造，同时 Y-12 还在测试该系统是否适合扩大规模生产。新型电精炼系统计划于 2023 年完全投入使用。此外，Y-12 将采用煅烧工艺对大楼关闭前的剩余材料进行处理，其碎屑转移工作将由切屑熔化工艺完成。

为满足国家安全需要，美国对高纯度贫铀的长期需求正在不断增长。贫铀可用于核武器部件制造、库存武器监测以及武器试验的替代材料，其生产、加工和处理能力能够支持美国的核武器延寿计划及高浓铀的稀释。美国在 2021 财年启动贫铀工艺的现代化任务，包括确保原料供应、维持制造工艺及研发新的生产技术。美国将在能源部朴茨茅斯场址的六氟化铀转化设施开发一条将六氟化铀转化为四氟化铀的生产线，在现有贫铀库存的基础上重建高纯度贫铀的可靠生产工艺。此外，美国还重新启动了Y-12综合体的合金生产设备，维持现有的贫铀制造工艺。为解决目前Y-12综合体合金工艺生产效率低、材料浪费、成本过高等问题，美国国家核军工管理局正在开发一项直接铸造的新工艺，未来将逐步替代现有合金部件制造工艺。为降低未来生产贫铀及其铀合金部件的风险，美国还在研发材料的再利用和回收技术，例如电子束冷炉熔炼和铀合金增材制造技术等。

### (3) 维持军用锂供应

美国目前暂停生产新的锂材料，通过回收退役锂部件和加工锂库存来保障军用锂供应，满足核武器库存管理需求。为保障锂的长期供应，美国正在采取两项措施：一是维持现有锂设施继续运行，二是新建锂加工设施，以完成对老旧设施的替代。

美国能源部2020年5月对Y-12综合体的锂清洗和提纯工艺进行改进。一方面为了提高效率，另一方面为了有效降低加工过程中有害气体（氯气）的排放。美国能源部计划2022年在小规模范围内重建锂回收的湿法化学工艺流程，预估投资为5 330万美元。

美国计划新建一座“锂加工设施”，用以替代建于曼哈顿时期的Y-12锂工厂。2020年初，能源部批准了新建项目的设计和成本范围，计划2025年进行项目的关键性能参数和进度审查，2028—2031年完成锂加工装置建设，预估投资为9.55亿～16.45亿美元。

### (4) 大幅提升军用氚产量

军用氚是美国唯一正在生产的军用核材料。美国主要从两方面确保氚供应，一是从现有库存弹头中回收氚，进行循环利用；二是利用商用轻水堆产氚。萨凡纳河氚企业是美国唯一保障氚供应、向国防部提供氚材料的企业。主要设施包括：H区旧制造设施、H区新制造设施、氚提取设施和材料测试设施。其中 H 区旧制造设施运行时间最长，设备老化问题最为严重，已经历两次扩建，目前处于替换阶段。

美国目前的氚生产流程是：首先，利用瓦茨巴核电站的商业核电机组对产氚可燃吸收剂棒进行为期 18 个月的辐照，使吸收棒中的锂-6 吸收中子后生成氚；其次，将辐照后的产氚可燃吸收剂棒运至萨凡纳河，使用氚提取设施提氚，最后在 H 区新制造设施中进行纯化处理，获得符合核武器使用要求的纯净氚。

美国能源部从 2003 年开始利用瓦茨巴核电厂 1 号机组产氚。为了提升氚产量，从 2020 年底启用瓦茨巴 2 号机组产氚。萨凡纳河氚提取设施每年的提氚次数持续增加：2006—2016 年为每年 1 次，2017 年 3 次，2021 年 7 次，计划到 2026 年每年完成 8 次。能源部在《2023 财年预算申请》中提出到 2025 财年每个辐照周期（18 个月）生产 3 300 克氚的生产目标。

为替换 H 区旧制造设施，提高生产效率，降低维护成本，美国能源部提出新建氚精加工设施的计划。2020 年启动了氚精加工设施的设计，计划 2023 年开工建设，2031 年完工，预估造价为 3.05 亿～6.4 亿美元。2020 年年初，萨凡纳河氚企业启动战略再投资计划，旨在确保氚提取设施和 H 区新制造设施的持续运行，同时保证 H 区旧制造设施在氚精加工设施建成并投入使用前能够继续执行生产任务。该计划还将提高氚提取设施的产能。

### 3. 小结

美国目前拥有充足的高浓铀、军用钚和军用锂储备，因此暂停了这三种材料的生产，但仍保持继续发展这些材料的回收、加工和部件制造能力和技术，并在积极开展相关能力建设，实现以新代旧，另一方面正扩大军用氚产量，保障核武库需要。加强军用核材料能力建设、强化核武器生产设施建设和现代化，将确保美国维护和及时制造出核武器，快速响应外部威胁挑战和技术机遇，确保核武库的有效性，维持和发展核武库建设。

（中核战略规划研究总院
李晓洁、高寒雨、袁永龙）

## 七、美国将提升军用氚年产量

当前，美国正在推进核武库现代化改造，延寿或升级五型核弹头，其中 B61-12 与 W88 改进 370 弹头于 2022 年开始全面生产，对军用氚的需求进一步增加。在此背景下，美国能源部在《2023 财年预算申请》中提出到 2025 财年每个辐照周期（18 个月）生产 3 300 克氚的新目标。

### 1. 美国提高军用氚生产目标

氚在自然界中的含量极低，必须通过人工制备。氚的半衰期为 12.3 年，每年因衰变而损失 5.5%，不能无限期地储存，因此需要定期对核武器补充氚材料。近十年来，美国逐步调整军用氚生产目标，不断扩大军用氚生产：2015 年之前，美国军用氚生产目标为每个辐照周期生产 1 700 克；2015 年，美国核武器委员会更新军用氚生产目标，提升至 2 800 克；2022 年美国能源部在《2023 财年预算申请》中将目标提升至 3 300 克，产能较 2015 年之前提升近一倍。

美国军用氚生产目标的制定流程如下：根据美国核武器委员会制定的需求和规划文件，美国家核军工管理局基于武器产量的军事要求与可用测试数据分析，确定每种武器系统的军用氚需求分配比例，确保在各种环境条件下武器性能满足要求；此外，美国国家核军工管理局还与国家实验室和相关运营承包商一起，对军用氚库存和要求进行详细审查，包括氚填充量，以及核武库规模、弹头类型和准备状态，最终计算出军用氚生产需求预计高峰值，这一数据提交美国核武器委员会，供其参考。

### 2. 目标提高的主要原因是需求增加

美国提出军用氚生产新目标主要是由于核武库现代化对军用氚的需求增加。美国正在延寿或升级五型核弹头，其中 B61-12 与 W88 改进 370 弹头 2022 年开始全面生产，W80-4、W87-1、W93 弹头或将于 2026 年、2030 年、2040 年开始全面生产，都需要更换或重新制造氘氚部件，军用氚需求大幅增加。2022 年 4 月，美国国家核军工管理局长在参议院军事委员会战略力量小组委员会上称："目前正在提高军用氚生产水平，以满足未来交付要求。"

根据美国洛斯阿拉莫斯国家实验室公布的评估军用氚库存和氚生产决策供需模型，军用氚需求可分为以下六类：萨凡纳河工厂所需最低氚库存、现役核武库、实验室研发与监测、运输损耗、对冲与储备和总统授权的战略储备。

### 3. 美国大力保障军用氚配套生产能力

美国使用商用轻水堆辐照产氚棒来生产军用氚，主要生产流程如下：一是产氚棒制造，由西屋电气全资子公司负责；二是反应堆辐照，产氚棒放入国有电力公司 TVA "瓦茨巴" 1 号与 2 号机组商用轻水堆中辐照，辐照周期为 18 个月，靶中的$^{6}$Li 吸收中子后生成氚；三是产氚棒运输，由核设备公司 NAC 将辐照后的产氚棒运至萨凡河工厂；四是产氚棒提取，在萨凡纳河工厂的氚提取设施，每次提取 300 根，用时 45 天；五是纯化与分离，将提取后的氚通过管道输送到萨凡纳河工厂的 H 区新制造设施，清除氮、氧和氦等气体杂质后，分离氕、氘、氚同位素，得到纯净的氚。

从上述军用氚生产主要流程可看出，军用氚生产能力涉及多项配套能力。经过对近年美国相关预算申请、官方公告、最新动向等资料进行梳理分析，美国为保障到 2025 年每周期生产约 3 300 克氚（每座堆都达到最大辐照限额 1 792 根），已提出多项配套措施，皆与反应堆辐照能力相匹配。

**产氚棒制造：**未来四年将至少制造 1.4 万根，再加上现有产氚棒库存，可满足至少四年内的需求；

**反应堆辐照：**未来四年至少辐照 1.6 万根，“瓦茨巴”1 号机组已达最大辐照限额，2 号机组三年内也将达到；

**产氚棒运输：**2023 财年计划从“瓦茨巴”机组向氚提取设施运输 9 批次，每批次 300 根，未来四年至少运输 46 批次，可满足至少四年内的需求；

**产氚棒提取：**氚提取设施目前拥有两台提取炉，每次处理 300 根，计划 2026 财年达到满负荷运行，即每年提取次数 8 次 2 400 根，或每 18 个月 3 600 根，可应对未来两座堆同时辐照 1 792 根产氚棒的情境，此外计划再采购一台提取炉，确保该设施具有应对紧急情况的备份能力；

**纯化与分离：**萨凡纳河工厂称，“H 区域新制造设施仍有余量满足未来需求”。

### 4. 小结

美国从 20 世纪 80 年代开始研发商用轻水堆产氚技术，2003 年开始正式生产。通过不断创新改进，美国积累了大量设计、研发、管理、运行等经验，技术日趋成熟。商用轻水堆产氚无需耗费巨资新建设施，灵活性高，经济性强。其他配套能力还包括产氚棒制造、产氚棒运输、产氚棒提取、纯化与分离等多个环节。美国全面布局，系统谋划，全方位保障军用氚供应链自主先进和完整配套，保障核力量持续安全、可靠和有效。

（中核战略规划研究总院
高寒雨）

# 八、美国军用锂材料工艺与能力建设进展

美国正大力推动军用锂材料能力建设，美国能源部2023财年军用锂的预算相比2021财年实际拨款增长了92%。为满足核弹头延寿及新弹头生产需求，确保核武库现代化计划的顺利实施，美国国家核军工管理局采取了多项措施保障未来军用锂材料的安全供应。

## 1. 基本情况

军用锂特指同位素$^{6}Li$，是构成核武器部件的关键材料。天然锂中含有大约7.6%的$^{6}Li$和92.4%的$^{7}Li$，需要进行浓缩获得军用锂。美国在冷战期间开发了多种汞齐法工艺，在Y-12厂生产了大量的军用锂材料，同时也造成了严重的环境污染问题。从20世纪60年代至80年代末，美国逐步关停并拆除了所有的军用锂生产线，仅保持了两座锂加工处理设施。随着设施的老化，美国的军用锂设施事故频发，锂供应安全受到威胁。2018年《核态势评估》报告中明确指出，军用锂供应能力无法满足核武库现代化需求，要求尽快采取措施，确保供应安全。为此，国家核军工管理局2019年提出建造新的锂材料处理设施。

美国国家核军工管理局是军用锂材料的管理机构，其下设多个办公室负责包括锂在内的军用核材料相关具体管理工作，其中，国防计划办公室负责军用锂相关计划的制定；采购与项目管理办公室负责军

用锂生产加工设施的建造项目管理。安全、基础设施和运营办公室负责军用锂材料基础设施的运维管理工作。

## 2. 锂材料工艺

美国历史上主要开发过“电解”“有机交换”和“柱交换”三种基于汞齐法的军用锂生产工艺，由于污染问题早已全部停用。目前使用“直接材料制造”法和“湿化学”法两种工艺，从退役武器的锂部件中回收锂材料。

### (1) 开发过三种生产工艺均已停用

美国能源部在 20 世纪 50 年代初同时开发三种基于汞齐法的锂同位素分离工艺，最终只有 COLEX 柱交换工艺得到大规模的工业应用。

**ELEX 电解工艺：**由橡树岭国家实验室开发，1950—1952 年在 Y-12 厂完成了中试规模的工程示范，1953 年建成美国首座锂同位素分离工厂，并一直运行到 1956 年。由于生产效率过低，该工艺被 COLEX 柱交换工艺取代。**OREX 有机交换工艺：**由橡树岭实验室在 1951—1952 年开发，1953 年建成中试厂，次年关闭。**COLEX 柱交换工艺：**由橡树岭实验室于 1952 年开发，1955 年建成两座大规模的锂同位素分离厂，并一直运行到 1963 年，生产了大量的军用锂材料，由于造成严重汞污染被关闭（据统计使用了 11 000 吨汞金属，约 3%泄漏到环境中）。

### (2) 目前采用两种小规模锂回收工艺

目前美国不具备锂同位素浓缩能力，核武库所需的锂全部来自从退役核武器中拆卸回收。Y-12 厂主要采用“直接材料制造”法和“湿化学”法两种工艺进行锂回收，在 9202 号和 9204-2 号设施中各有一套生产线。

**“直接材料制造”回收工艺：**通过喷砂打磨的方式对回收部件表面进行处理，主要作用是去除表面杂质，优点是过程简单、效率高，缺点是只适合处理退役核武器拆除得到的相对较完整的锂部件。该工艺也是目前美国唯一正在运行的军用锂回收工艺。**“湿化学”法回收工艺：**通过化学纯化、电解精炼、转化等对回收的军用锂材料进行处理，流程相对复杂，涉及氯气排放，对环境有危害，适于处理机械粉尘、残渣等状态的锂材料。2013 年，由于 9204-2 号设施安全条件恶化，美国国家核军工管理局关停了该工艺的运行。

### 3. 生产能力建设

美国国家核军工管理局的核武器锂部件生产包括三个步骤：一是从退役核武器中拆卸包含氢化锂和氘化锂的部件，以及回收锂生产加工过程中含锂的机械粉尘和碎屑。二是对回收的材料分别进行清洗和纯化。三是通过冲压和机加工等工艺将回收后的锂材料重新制成核武器部件。由于设施老化，美国正面临锂供应能力不足的问题。

#### （1）现有设施老化已严重影响核武库的锂供应安全

美国目前军用锂能力主要集中在 Y-12 厂的 9204-2 号和 9202 号设施中。前者具备锂压制和机加工设备，以及一套“湿化学”锂回收工艺设备，后者是一座可处理多种材料的综合性设施，其中包含锂部件“直接材料制造”回收工艺设备，并可为锂处理工艺研发提供支持。两座设施都是在 20 世纪 40 年代“曼哈顿计划”期间建造的，由于化学腐蚀等原因，其结构内部和外部都出现了严重问题。迫于安全考虑，美国于 2013 年关停了 9204-2 号设施的“湿化学”回收工艺的运行，自此，核武库所需的锂来源仅依靠对拆卸退役核武器锂部件的清洗。美国国家核军工管理局利用供应与需求模型全面评估了未来军用锂需求，确定仅靠“直接材料制造”回收工艺无法满足近期核武库对锂的需求。

#### （2）新设施面临建造周期长和技术成熟度不够等问题

2015 年，美国国家核军工管理局针对军用锂供应问题，确定在 Y-

12 厂建造一座新的锂材料处理设施（LPF），取代老化设施，满足未来长期的锂供应需求。2019 年，该局制定了“锂现代化”计划，规划和执行锂供应的发展战略，确保锂材料处理新设施建成后能够长期满足核武库锂需求。2021 年完成新设施的环境影响评估。LPF 面临两方面的问题和风险：

**一是投资大，周期长，无法解决近期锂供应不足问题。**美国国家核军工管理局最初在 2015 年估计 LPF 的成本为 3 亿～6.31 亿美元之间，原计划 2023—2025 年建成。2019 年 12 月，新估算的成本增加到 9.55 亿～16.45 亿美元之间，同时竣工日期推迟到 2028—2031 年。LPF 的成本估算增加了 6.55 亿～10.14 亿美元，进度延迟了 5～6 年。即便是建造进度严格按照计划执行，实现 LPF 的全面运行还需要近 10 年时间。目前国家核军工管理局正在开展多型核弹头/核航弹的延寿与改进项目，对军用锂的需求不断增长，特别是 9204-2 号设施的“湿化学”回收工艺的关停，进一步加剧了锂供应的压力。国家核军工管理局官员曾表示，在 LPF 运行之前，可能无法满足一些核武器生产的锂需求。特别是原计划 2022 年开始生产的 B61-12 核航弹，生产日期也因此被延迟。

**二是引入新技术降本增效，但面临成熟度不够的风险。**LPF 的概念设计基于现有的锂生产工艺，包括“直接材料制造”法和“湿化学”法两种回收工艺，以及配套的冲压和加工流程等。2020 年，美国国家核军工管理局决定在两种回收工艺中引入一项新技术。该技术通过一种高温反应器的处理，使回收锂产品更加均匀，消除压制和加工对产品均匀度的影响。通过该技术能够增加“直接材料制造”工艺所能处理的锂进料类型，减少“湿化学”工艺的使用，实现降本增效。据估计，使用该技术后，能够使 LPF 的 50 年寿期内节省约 13 亿美元。为保证 LPF 建设进度，该技术的成熟度必须在 2025 年之前达到 7 级，但据美国政府问责办公室报告称，国家核军工管理局之前对该技术的成熟度评估缺乏关键数据支撑，未来设施的设计和建造进度可能面临其成熟度不够的风险。

### (3) 提出缓解近期锂供应不足的多项过渡措施

为缓解在LPF建成运行前锂供应不足的问题，国家核军工管理局提出了多项过渡措施，一是在Y-12厂重建一套小规模的“湿化学”回收流程，主要作用是能够处理现有贮存的大量氯化锂以及其他粉尘碎屑等形式的回收锂材料。重建的流程位于9202号设施中，规模约是原来9204-2设施的十分之一，2018年开建，目前大部分工作已完成。二是重新评估并修改可回收锂材料的规格标准，将能够由“直接材料制造”工艺处理的回收锂材料的寿期范围延长了3.5年，增加了可回收的锂材料数量。三是维修和整改老旧基础设施，保障现有锂生产的正常进行。根据Y-12厂基础设施计划，在LPF运行前，需要至少10亿美元维持锂基础设施运行。

## 4. 结语

由于对军用锂材料重视性不够，美国目前仅存的2座锂材料基础设施已运行80年，严重老化，导致锂供应不足，已经影响到核武库的现代化计划。

美国目前回收武器中锂材料，重新用于延寿或现代化改进后的核武器中，这种方法之所以可行，是由于其现在的核武库规模远小于冷战期间，核武器新生产数量有限，而且美国拥有庞大的退役核武器库存（据《原子科学家公报》2022年报告，美国核武库中退役待拆除的核武器约1 720枚）。

（中核战略规划研究总院
孙晓飞）

# 九、俄罗斯核力量 2022 年度发展分析

2022 年，在俄乌冲突背景下，全球核安全受到严重挑战。深陷俄乌冲突泥潭的俄罗斯更是将核武器视为维护国家安全的终极手段，多次向美国及北约传递核威慑信号，并全力保障核力量现代化进程，研发多种核运载平台，以确保战略核力量的有效性与可靠性。

## 1. 战略武器新发展

### (1) 推动新型陆基洲际弹道导弹测试与换装

**研制和部署“萨尔马特”陆基洲际弹道导弹。**“萨尔马特”将接替目前服役的“撒旦”陆基洲际弹道导弹，具有威力大、射程远、突防能力强的特点，可携带 10 个重型或者 15 个中型分导核弹头，还能够搭载“先锋”高超声速滑翔飞行器。导弹可跨越北极或南极，绕开现有的导弹防御系统。2022 年 4 月，该导弹首次试射成功，已进入全面生产阶段。俄罗斯计划配装 7 个“萨尔马特”导弹团，共部署 46 枚导弹，与目前服役的“撒旦”导弹的数量相当。

**继续部署“亚尔斯”洲际弹道导弹。**2022 年，俄罗斯继续用“亚尔斯”洲际弹道导弹替换“白杨”导弹。“亚尔斯”是俄罗斯新研制并已经部署的固体燃料洲际弹道导弹，有井基发射和机动发射两种型号。由于产能限制，俄罗斯正以每年一到两个团（约 9 到 18 枚导弹）的速

度退役“白杨”公路机动导弹，换装“亚尔斯”公路机动型导弹。整个换装工作预计将在 2024 年完成。

### (2) 加快海基战略核武器研制部署，研制“波塞冬”核动力无人潜航器

**加快建造“北风之神”级战略核潜艇。**2022 年，俄罗斯共有 10 艘战略核潜艇服役，其中 5 艘“德尔塔”Ⅳ级，3 艘“北风之神”级，2 艘“北风之神”-A 级。“北风之神”-A 级是俄罗斯第四代，也是最新一代战略核潜艇“北风之神”级的改进型。俄罗斯计划共建造 10 艘“北风之神”级和“北风之神”-A 级战略核潜艇，除了已经服役的 5 艘，其余 5 艘目前处于建造的不同阶段。预计 2023 年前交付第 6 艘和第 7 艘，2027 年之前完成最后 3 艘的建造。

**研制“波塞冬”核动力无人潜航器。**俄罗斯正在研发“波塞冬”核动力无人潜航器。该潜航器集成了多项前沿技术群，特征突出，包括航程长、速度快、可携带大当量核弹头、潜深大、隐身性能好、定位精度较高等，列装后可形成非对称打击能力。“波塞冬”计划于 2027 年交付。2022 年 7 月，首艘可携带“波塞冬”的特种核潜艇“别尔哥罗德”号交付海军。第二艘“哈巴罗夫斯克”号正在建造。每艘潜艇携带 6 具“波塞冬”核动力无人潜航器。

### (3) 研改并举推动空基核武器现代化

**加快推进战略轰炸机能力提升，**其中包括两项内容：一是对现役图-160 型战略轰炸机进行深度现代化改造，开发并安装新研发的发动机以及新型航空电子设备、导航和雷达系统。改造后的型号称为图-160M1。预计将在 2027 年完成 10 架图-160M1 战略轰炸机改造。二是重新生产经过全面改进后的图-160M2 战略轰炸机，弥补战略轰炸机数量不足的问题。2022 年 1 月，首架全新生产的图-160M2 战略轰炸机

首次试飞，标志着俄罗斯开始恢复战略轰炸机制造能力。俄罗斯计划生产 50 架图-160M2 战略轰炸机。

**继续研制隐身轰炸机。**2022 年俄罗斯空军表示 PAK-DA 隐身轰炸机设计方案已经确定。该机将与图-160M2 共享多个系统，计划于 2023 年进行初步测试，2026 年进行稳态测试，2027 年开始初期生产，2028 年或 2029 年开始批量生产。鉴于俄乌冲突现状，以及俄罗斯的经济水平，国际社会对于俄罗斯航空业是否有足够的能力同时开发和生产两型战略轰炸机尚有很大争议。

### (4) 积极发展和部署高超声速战略武器，首次用于实战

俄罗斯高超声速武器发展处于世界前沿水平，正推动研制和部署“匕首”空射弹道导弹、“先锋”高超声速滑翔飞行器、“锆石”舰载高超声速巡航导弹三型高超声速战略武器，其中前两型已经服役。

**“匕首”导弹**基于俄罗斯伊斯坎德尔导弹研制，可携带常规弹头与核弹头。2022 年 3 月，俄罗斯首次利用“匕首”打击了乌克兰设施，使该导弹成为世界上首型用于实战的高超声速武器。**“先锋”**被俄罗斯视为重要的二次核打击战略武器装备，也可用于打击美国的弹道导弹防御体系，为其他战略打击武器扫清障碍。该武器于 2019 年 12 月开始服役，配装改造后的“三棱匕首（RS-18）”洲际弹道导弹。2021 年底完成多巴罗夫斯基导弹团的总计 6 枚的部署工作，2022 年正在装备第二个导弹团，未来计划配装“萨尔马特”洲际弹道导弹。**“锆石”**是一型舰载高超声速巡航导弹，能够以 6～8 马赫的速度飞行，最大射程约 1 000 千米。2022 年 5 月，该导弹试射成功后，俄国防部称其首批将装备在 22350 型护卫舰上。

### (5) 加紧构建现代化的反导预警和战略反导拦截系统

俄罗斯导弹防御系统主要由导弹预警雷达、地面太空监视系统和拦截系统等组成。2022 年的主要进展如下。

**一是持续加强反导预警系统能力建设。**发展预警卫星，提升地面太空监视能力。俄罗斯继续部署第三代“统一太空系统”天基预警卫星系统，计划到 2024 年完成 10 星组网，部署完毕后将命名为“穹顶”系统，形成全球导弹预警能力。部署“沃罗涅日”新型导弹预警雷达，提升导弹攻击预警能力。该雷达共有四种型号，目标水平探测距离可达 6 000 千米，垂直探测距离 8 000 千米，目前已经部署 10 部。2022 年 8 月，俄罗斯表示，正在继续加强北极、南部、远东和西部的雷达站建设，计划 2024 年完成对国土全境的战略预警系统覆盖。

**二是继续推进 A-235 战略反导拦截系统建设。**A-235 战略反导拦截系统是 A-135 系统的改进型，拥有 3 层拦截体系，且首次使用“动能拦截器”，2014 年首次试射。2021 年 11 月 15 日成功击毁“宇宙-1408”号卫星的发射试验充分验证了俄罗斯反导弹及反太空能力。

### 2. 发展特点与规律

#### (1) 将海基核力量作为国防建设的重中之重

俄罗斯将战略核力量作为国防建设的重要部分，全力保障其现代化。俄罗斯武器装备经费中重要部分流向核力量建设。在核力量体系里，海基投入最大，“北风之神”级战略核潜艇密集下水入役，“波塞冬”核动力无人潜航器项目破阻前行。相比于海基核力量的建设投入，俄罗斯陆基和空基核力量的支持相对有限，只能凭借现有的技术基础和有限财力维持。例如陆基“亚尔斯”洲际弹道导弹虽然已于 2010 年开始入役，但由于产能限制，至今尚未完成全面换装。

#### (2) 强调战略武器的突防性能

为对抗美国导弹防御系统的威胁，俄罗斯采取了配备分导式多弹头、增加诱饵、发展速燃助推技术、机动变轨、隐身技术等措施，特别是隐身技术方面，除了传统的隐身外，等离子体隐身等隐身技术，能够显著降低雷达发现概率。本征材料、纳米隐身材料等新型材料将应用于导弹武器。俄罗斯还在发展高超声速滑翔弹头、隐身轰炸机等多种能够实现强突防的作战装备。

#### (3) 战略核导弹保留多种发射方式

俄罗斯还将继续发展战略导弹机动发射技术体系。机动发射可利用发达的公路网或铁路网进行快速机动部署，作战使用中可利用各种自然或人造环境进行隐蔽，灵活的战术可为武器系统躲避敌方侦察和打击提供有效保证。俄罗斯战略火箭部队目前部署了多种发射井式和移动式洲际弹道导弹。俄罗斯曾经开发“巴尔古津”铁路机动发射弹道导弹的技术，可作为未来增加战略导弹发射多样性的重要技术储备。

#### (4) 核动力技术呈现深海、空天等领域应用拓展趋势

核动力具有能量密度高、使用寿命长的特点，俄罗斯在持续提升核动力技术水平的同时，不断扩大核动力技术的应用场景。俄罗斯研发“波塞冬”核动力无人潜航器和“海燕”核动力巡航导弹，谋求实现武器“无限”航程。

### 3. 未来趋势

#### (1) 继续推进新型战略导弹换装，实现陆基弹道导弹全面换代

随着“萨尔马特”洲际弹道导弹的服役，未来俄罗斯陆基弹道导弹将由“萨尔马特”和“亚尔斯”两型新研制导弹构成。但由于产能限制，完成全面换装将需要较长时间。

#### (2) 建成强大的战略核潜艇舰队，部署非对称战略武器

未来俄罗斯将继续推进其余 5 艘“北风之神-A”级战略核潜艇的建造，替代现役的“德尔塔”Ⅳ级，完成战略核潜艇现代化。继续研制并部署“波塞冬”核动力无人潜航器，形成对对手核威慑的“非对

称”优势。

### (3) 继续提高战略轰炸机规模与现代化水平，研制新型隐身轰炸机

俄罗斯将完成现役战略轰炸机改造，逐步扩大图-160M2 改进型战略轰炸机生产，提高空基核力量规模，未来还将继续推动 PAK-DA 隐身轰炸机研制。

### (4) 建成陆海空高超声速武器体系

俄罗斯“匕首”空射弹道导弹已经实战化验证，“先锋”高超声速滑翔飞行器也已少批量部署到陆基洲际弹道导弹。未来随着“锆石”舰载高超声速巡航导弹的服役，俄罗斯将全面建成陆海空高超声速武器体系。

### (5) 构建多层预警和全方位覆盖的战略反导体系

俄罗斯正在加紧构建以天基和陆基为主的双层反导预警系统，形成对除南极圈以外的全球弹道导弹发射探测能力和本土全方位覆盖能力，同时继续换装 A-235 战略反导拦截系统，最终建成能够有效应对弹道导弹威胁的战略反导体系。

（中核战略规划研究总院

孙晓飞）

# 十、俄罗斯"末日潜艇"入役海军

2022年7月8日，"别尔哥罗德"号核潜艇正式交付俄罗斯海军。该艇是目前世界上最长的潜艇，可搭载被称为"末日武器"的"波塞冬"核动力无人潜航器，被西方媒体冠以"末日潜艇"的称呼。"别尔哥罗德"正式入役为俄海军增加了一张慑战一体的新"王牌"，将进一步提升俄战略核威慑力量。

## 1. 研制背景

"别尔哥罗德"是在苏联时期建造的949A型（北约代号"奥斯卡Ⅱ"级）巡航导弹核潜艇的基础上研制的，由苏联红宝石设计局设计，1992年7月开始在北德文斯克造船厂建造；苏联解体后，由于缺乏资金，1994年被迫停工；2012年俄海军宣布对该艇进行设计改进，同年12月正式归入"09852"型潜艇计划，以首个"波塞冬"核动力无人潜航器平台的名义继续建造；2019年举行下水仪式，近期正式交付海军。根据俄罗斯国防部计划，由"别尔哥罗德"和"波塞冬"组成的武器系统将在2026年形成战斗力。

## 2. 技术特点

"别尔哥罗德"采用双壳体结构，艇长184米、宽18.2米，排水量达 3 万吨，水下航速高达 32 节，海上自持力为 120 昼夜，可载员 130 人。艇内装有 4 具 533 毫米和 2 具 650 毫米鱼雷发射管，可发射重型鱼雷和反潜导弹。该艇比标准 949A 型潜艇长 30 米，是世界上最长的潜艇，具有四个技术特点。

**一是可搭载“波塞冬”核动力无人潜航器。**“别尔哥罗德”可作为水下移动基地，携带多达 6 枚“波塞冬”。据外媒推测，“波塞冬”长约 24 米，直径约 1.5 米，具有优异的隐蔽性和充沛的动力，最大潜深超过 1 000 米，静音效果达到世界最先进水平，使用液态金属冷却反应堆，能做到高低功率迅速转换，有利于躲避敌方鱼雷、潜艇攻击；采用超空泡技术，巡航范围达到近万海里，具备跨洲打击能力；可携带 200 万吨 TNT 当量核弹头，并能自主计算击中目标的最优路线。“别尔哥罗德”与“波塞冬”这一组合，具有强大的隐蔽能力和突防能力，能够从水下对敌方航母战斗群、海军基地和沿海城市造成毁灭性打击。

**二是可搭载多型深潜器。**“别尔哥罗德”能够在北极海域开展各种科考和救援行动，其水下作业系统包括“大键琴 2R-PM”无人潜航器和 18511 型“大比目鱼”深海作业潜艇。“大键琴 2R-PM”长 6.5 米，采用常规动力，安装声呐、电磁探测器、声波仪等传感器以及摄像机，用于执行水下侦察、测绘和追踪任务。“大比目鱼”是一种核动力深海工作站，采用半埋方式泊入“别尔哥罗德”腹部对接区，实现艇员在两艘潜艇之间快速换乘；艇体使用钛合金打造，水下排水量约 1 000 吨，能够使用机械臂在海底完成设备安装、标本取样等任务。

**三是隐蔽性强。**“别尔哥罗德”作战潜深达 420 米，最大潜深达 500 米。采用特殊设计的航行螺旋桨，并配备了螺旋桨桨毂涡流扩散器，能够最大程度地降低航行过程中的噪声。双壳之间的舷空间内可填充一定消音材料，起到静音、减振作用。外部安装消声瓦片，内部使用更先进的传动轴，噪声水平大幅下降。潜艇可在水下长时间坐底，释放潜航器隐蔽航行执行任务，使敌方难以发现并及时采取防御措施。

### 3. 小结

“别尔哥罗德”是全球最庞大的核潜艇之一，也是一艘多功能特种核潜艇，入列俄海军后进一步加强了俄核打击和核威慑能力，对俄具有重大战略意义。**一是加强俄非对称威慑力量。**俄罗斯重视发展多种非对称威慑力量，在这一策略下，“别尔哥罗德”和“波塞冬”组成的武器系统能够扬长避短、出奇制胜，避免了空中导弹打击更易被拦截的风险，还能对美国航母编队等重要目标构成重大威胁，显著提升俄战略核威慑力量。**二是拓展水下作业。**“别尔哥罗德”可搭载多种无人潜航器，可执行反鱼雷、侦察跟踪、水文调查、海底勘探、水下通信、充当诱饵或假目标等任务，乃至反潜、反舰、对沿海目标打击、水下封锁、特种作战等更复杂、更直接的军事对抗。

（中核战略规划研究总院

孟雨晨、伍浩松）

# 十一、北约与俄罗斯同时举行大规模核演习

## 1. 北约举行“坚定正午”核演习，威慑俄罗斯

“坚定正午”核演习是北约年度例行演习活动，由欧洲盟军最高司令部负责，每年使用不同北约国家的军事基地，主要演练运用美国部署在欧洲的非战略核武器。2022 年“坚定正午”核演习于 10 月 17 日至 30 日举行，使用比利时克莱恩·布罗格尔空军基地，共有包括美国在内的 14 个北约成员国参加。演习在欧洲西北部进行，包括比利时、英国及欧洲北海区域，距俄罗斯超过 1 000 千米。

### (1) 演习时机上，较往年更为敏感

此次“坚定正午”核演习正值俄乌冲突胶着、北约与俄罗斯对抗加剧、西方对俄罗斯可能使用核武器的担忧不断上升之际。2022 年 9 月 21 日，俄罗斯总统普京在乌东四地举行公投前发表全国电视讲话时称，若俄领土完整受到威胁，将动用掌握的一切手段保卫国家和人民，并强调这并非虚张声势。西方普遍将此解读为普京在威胁使用核武器。10 月 6 日，美国总统拜登称，如按目前形势继续发展下去，世界将自古巴导弹危机以来首次面临使用核武器的直接威胁。10 月 11 日，北约秘书长斯托尔滕贝格在回答关于核演习时机的提问时表示，若北约因发生在乌克兰的战争而突然取消一项计划已久的例行演习，将会发

出非常错误的信号。

### (2)演习规模上，较往年有所扩大

此次“坚定正午”核演习为期两周，共有14个北约国家、60余架各型战机参与，前几年参演战机数量通常约50架。参演装备上，除具备核作战能力的F-15E、F-16、PA-200等战斗机、美国部署在欧洲的B61-3/-4核航弹，以及其他往年常规参与演习的战斗机、加油机、侦察机等装备外，北约在声明中特意提到参演装备还包括美国B-52战略轰炸机。

### (3)演习内容上，主要演练使用非战略核武器

此次“坚定正午”核演习主要在比利时克莱恩·布罗格尔空军基地进行，该基地储存有约15枚美国的B61-3/-4核航弹。演习重点是训练北约国家部队使用B61-3/-4核航弹实施核打击，主要内容包括：演练将B61-3/-4核航弹从地下储存设施安全转移、安装到具备核作战能力的战斗机上的操作流程，演练具备核作战能力的战斗机进行飞行训练、实施核打击（不使用实弹）的过程，以及其他战斗机、侦察机和加油机的协同配合能力。对于未部署美国非战略核武器、没有具备核作战能力战斗机的参演国，主要演练通过常规空中支援为核打击任务提供支持。此外，B-52战略轰炸机从美国迈诺特空军基地起飞，参与了此次演习。

## 2. 俄罗斯举行大规模战略核力量演习，回应北约

2022年10月26日，俄罗斯举行大规模战略核力量演习，模拟实施大规模核打击以报复对俄罗斯的核攻击，检验各指控层级的战备水平和高级军官在组织指挥部队方面的能力。普京观看了演习，并听取了俄国防部长绍伊古和总参谋长格拉西莫夫的汇报。

俄罗斯陆、海、空基核力量均参与了演习。演习期间，俄战略导

弹部队从普列谢茨克航天发射场发射了 1 枚公路机动型“亚尔斯”洲际弹道导弹，北方舰队“图拉”号弹道导弹核潜艇从巴伦支海发射了 1 枚“蓝天”潜射弹道导弹。远程航空兵部队出动两架图-95MS 战略轰炸机参与演习，发射了巡航导弹。俄国防部公布了战略导弹部队操作发射导弹的视频，核潜艇下潜发射导弹和潜艇内部操作视频，以及图-95MS 战略轰炸机巡航视频。

俄国防部发表声明称，战略核力量演习任务全部完成，所有发射的导弹均命中目标，导弹性能得到检验。俄国内报道称，此次战略核力量演习是对北约“坚定正午”核演习的回应，向北约发出明确信号，即俄罗斯的核力量处于战备状态，已做好随时打击敌人的准备。

### 3. 小结

此次“坚定正午”核演习时机敏感，北约在演习前强调不会因当前局势而取消演习，向盟国和外界展示出不退让的决心和姿态。“坚定正午”核演习通常以演练使用非战略核武器为主，2022 年演习规模较往年有所扩大，北约在声明中还特意提及 B-52 战略轰炸机参与演习，进一步加强了演习的威慑意味。俄罗斯此次核演习是其 2022 年举行的第 2 次大规模战略核力量演习，罕见地公布了发射导弹的内部操作画面，展示了“三位一体”核力量的高水平战备状态和强大的核打击能力。双方同时举行大规模核演习，展示出互不退让的强硬姿态，将进一步加深彼此对威胁态势的感知程度，加剧欧洲紧张的核态势。

（中核战略规划研究总院
袁永龙、孙晓飞、张　莉）

# 十二、英法核武器装备发展最新动向与特点

英国仅保留有海基核力量，主要包括“前卫”级弹道导弹核潜艇、“三叉戟”-Ⅱ D5潜射弹道导弹和“霍尔布鲁克弹头”核弹头。法国拥有海基和空基核力量，主要包括“凯旋”级弹道导弹核潜艇、M51.2潜射弹道导弹和TNO核弹头，以及具备核能力的“阵风”战斗轰炸机、ASMPA空射核巡航导弹和TNA核弹头。

## 1. 战略武器新发展

**英国继续建造下一代弹道导弹核潜艇，延寿潜射弹道导弹。**2022年，英国继续建造“无畏”级弹道导弹核潜艇，未来将替代现役“前卫”级弹道导弹核潜艇。该潜艇相比现役“前卫”级，载弹量基本持平，由于使用更先进的反应堆，使用寿命更长，维护成本更低，采用新型泵喷推进器及消声瓦、多角度外壳设计等多种降噪技术，隐身性能提升。英国与美国合作，开展“三叉戟”-Ⅱ D5潜射弹道导弹的延寿，翻新核弹头，使其能够适配美国的Mk4A再入飞行器。

**法国加快推动海基与空基核力量现代化。**2022年，法国继续开发第三代弹道导弹核潜艇（SNLE 3G），计划替代现役的“凯旋”级弹道导弹核潜艇。新潜艇采用新型声呐系统和传感器数据处理系统，可进行特低频探测，数据处理能力将大幅提升。在武器系统方面，将采用

M51.2 潜射弹道导弹的后续升级改进版本。采用升级的 K15 反应堆，安全性和功率将得到提升。采用新型全电推进、泵喷射推进器和 X 型尾舵，有效降低潜艇噪声，提升整体隐身性能。法国正在开展 ASMPA 空射核巡航导弹的中期翻新计划。2022 年 3 月，法国成功试射了改进后的 ASMPA 空射核巡航导弹，目前已进入生产阶段。

### 2. 发展特点与规律

**英国的核力量建设发展对美国有一定程度的依赖性。**英国新一代弹道导弹核潜艇安装与美国共同设计的“四联装”通用导弹舱，装备与美国相同的“三叉戟”-Ⅱ D5 潜射弹道导弹，且英国还在参与“三叉戟”-Ⅱ D5 潜射弹道导弹的延寿计划，“霍尔布鲁克”核弹头与美国 W76-0 核弹头高度相似，未来可能会用美国的 W93 核弹头取代目前的核弹头。

**法国长期保持核技术的独立性。**法国的核力量结构以海基为主，空基为辅，其核武器装备全部采用本国技术研制建造，确保了核技术的独立性与可持续发展。法通过不断进行现代化改造、研发新型装备，不断构建适应新安全环境需要的核威慑力量。

### 3. 未来发展趋势

英国未来在核力量现代化方面将继续保持与美国的密切合作，仍将保持 4 艘弹道导弹核潜艇，核潜艇仍将装备美国的潜射弹道导弹。

法国未来核力量的规模基本保持不变，但装备技术更加先进，第三代弹道导弹核潜艇和 ASN4G 空射核巡航导弹的隐身性能将比现役战备进一步提升，核力量的生存能力将得到进一步加强。

（中核战略规划研究总院
孙晓飞、赵　松、袁永龙）

# 十三、印度核力量 2022 年度发展动向

印度正在继续对核武器进行现代化升级并维持“三位一体”核威慑体系。2022 年 7 月，美国《原子科学家公告》发布“2022 年印度的核武器”报告指出，印度现有 8 种核武器系统，其中包括 2 种作战飞机、4 种陆基弹道导弹和 2 种海基弹道导弹；正在开发 4 个新武器系统，以补充或替换现有陆、海、空核力量。报告认为，当前印度核战略的重点正从巴基斯坦转向中国。

## 1. 报告的基本观点

### (1) 印度的核战略

印度虽然坚持“不首先使用核武器”的政策，但在 2003 年宣布将以核武器来应对来自生化武器的攻击。此举将使印度忽视现行核政策而率先使用核武器。

印度军方称，中国是印度最大的安全威胁。同时，研发新型“烈火”系列弹道导弹也表明，中国已成为印度的主要目标。

### (2) 核弹头与核材料

据估计，印度已生产约 700 千克武器级钚，可制造 138～213 枚核弹头，但并非所有材料都制成了核弹头。印度可能制造了 160 枚核弹头，其中 128 枚配备现役陆、海、空三军装备。另有 32 枚核弹头将分

配给正在开发的和准备服役的新导弹，例如装备于第二艘核潜艇的 K-15 潜射弹道导弹、新的“烈火”-Ⅲ和未来的“烈火”-Ⅳ及“烈火”-Ⅴ弹道导弹等。

印度的武器级钚来自巴巴原子研究中心运行的“德鲁瓦”钚生产堆（另一座“塞拉斯”钚生产堆已于 2010 年退役）。印度还计划新建钚生产堆来扩大生产能力。此外，英迪拉·甘地原子研究中心在建的一座功率 500 兆瓦原型快堆（PFBR），未来有可能大幅提高钚产量。预计该堆将在 2022 年 10 月达到临界。未来 15 年内印度还将建造 6 座快堆。

### （3）核武器装备发展

#### 1）核作战飞机

印度的核武器已实现多样化发展，飞机作为灵活的打击力量仍发挥着重要作用。印度执行对中、巴实施核打击任务的空基力量有 48 枚核弹，由 48 架战机运载，其中包括 32 架“幻影”-2000H 和 16 架“美洲豹”-IS 战机，每机搭载 1 枚爆炸威力 1.2 万吨当量核弹。印度还计划部署 32 架升级版“阵风”战机，以替换“美洲豹”战机。

#### 2）陆基弹道导弹

当前，短程和中程弹道导弹是印度陆基核力量的主力，约有 64 枚核弹头，每枚导弹可搭载 1 枚核弹头。远程和洲际弹道导弹正在开发中。

① 现役弹道导弹

短程弹道导弹包括 24 枚射程 350 千米的“大地”-Ⅱ和 16 枚射程 700 千米的“烈火”-Ⅰ，分别搭载一枚威力 1.2 万吨和 1 万～4 万吨当量核弹头。大部分短程弹道导弹部署在靠近印巴边境地区，主要针对巴基斯坦。

中程和远程弹道导弹包括 16 枚射程超过 2 000 千米“烈火”-Ⅱ和

8 枚射程 3 200 千米的“烈火”-Ⅲ，均搭载 1 枚威力 1 万～4 万吨当量核弹头。“烈火”-Ⅱ主要针对中国西部、中部和南部地区目标。“烈火”-Ⅲ如果部署在印度东北部，可以覆盖中国的上海。

② 在研的弹道导弹

目前，印度有三种在研的中程和远程“烈火”型弹道导弹，可搭载 1 枚威力 1 万～4 万吨梯恩梯当量核弹头，即射程 1 000～2 000 千米的“烈火”-P 中程弹道导弹和射程 3 500 千米的“烈火”-Ⅳ以及射程 5 000 千米的“烈火”-Ⅴ远程弹道导弹。其中“烈火”-P 综合了先进的火箭发动机技术、推进剂、航空电子组件与导航系统，采用箱式机动发射架。在 2021 年的测试中，“烈火”-P 携带了两个可操纵诱饵，模拟配备“分导式多弹头重返大气层运载工具”（MIRV）有效载荷。此外，印度已开始研制射程 8 000～10 000 千米的“烈火”-Ⅵ洲际弹道导弹，可从潜艇和陆地发射。

**3）海基弹道导弹**

印度已装备舰射和潜射两种核能力弹道导弹，共配备 16 枚威力 1.2 万吨当量核弹头，其中舰载导弹核弹头有 4 枚，潜射弹道导弹核弹头有 12 枚。

“丹努什”舰载弹道导弹是“大地”-Ⅱ的舰载型，射程 400 千米，装备于“苏坎尼亚”级巡逻舰，每舰携带两枚该型导弹，因射程相对较短，其核作战效能受到质疑，一旦印度的核潜艇项目趋于成熟，该型导弹很可能退役。

潜射弹道导弹有两个型号，均可搭载 1 枚威力 1 万～4 万吨 TNT 当量核弹头，一个是已服役的射程 700 千米的 K-15。另一个是研试中的射程 3 500 千米的 K-4，该型导弹可以打击巴基斯坦全境和中国部分地区。上述两种潜射弹道导弹可装备于“歼敌者”级核潜艇。

印度首艘国产弹道导弹核潜艇“歼敌者”号于 2016 年服役，2018

年实现首次威慑巡航。未来该艇主要用于训练和技术示范，不进行作战部署。第二艘“觅敌者”号核潜艇已于2017年下水，2022年初进行海试。后续两艘在建的更大的核潜艇（S4和S4*）将在2024年前交付。

当前，印度可能正在研制S5级战略核潜艇。此外，基于“烈火”-V陆基弹道导弹，印度正在开发射程5 000千米的远程潜射弹道导弹并计划在2022年进行测试。该型导弹可打击亚洲、欧洲和非洲部分地区。

**4）巡航导弹**

印度自主研制的“无畏”陆基型亚音速巡航导弹，射程1 000千米，可携带300千克弹头。通过多次飞行测试解决了部分技术问题。现正在开发该型导弹的潜射和空射型。

## 2. 小结

印度将中国作为主要威慑对象，未来“三位一体”核力量将重点发展中程、远程及洲际射程弹道导弹，以提高抗衡中国的能力。然而，印度当前的海基核力量仍存在短板，发展相对落后。

印度正在通过扩建生产设施来解决军用核材料产量不足的问题。据国际易裂变材料专家组（IPFM）最新报告估计，印度目前约有4.5吨30%丰度高浓铀，相比2015年该报告估计的3.2吨高浓铀增加了40%。

（中核战略规划研究总院
杨　力）

# 十四、外媒报道朝鲜正在进行核试验准备

据日本共同社 2022 年 5 月 13 日报道，韩国政府官员表示，朝鲜似乎将进行第七次核试验。另据韩联社 5 月 16 日报道称，“朝鲜第七次核试验准备工作已接近尾声，启动核试验的具体时间取决于国务委员会委员长金正恩的决定。”

2022 年以来，美国卫星图像显示，朝鲜在丰溪里核试验场持续开展建设活动。鉴于朝鲜近期多次进行战术弹道导弹测试，美国智库斯廷森中心（Stimson Center）推测，朝鲜有可能准备进行核试验，用于战术核弹头武器化验证。

## 1. 核试验场活动迹象

### （1）丰溪里核试验场概况

丰溪里核试验场位于朝鲜西北部咸镜北道吉州郡丰溪里。在 360 米高的万塔山下建有 4 条独立的地下隧道，分别为东侧的 1 号隧道、北侧的 2 号隧道、南侧的 3 号隧道和西侧的 4 号隧道。2006—2017 年期间，朝鲜在 1 号和 2 号隧道进行了 6 次地下核爆炸试验。1 号隧道在完成首次试验（爆炸威力 1 000～2 000 吨 TNT 当量）后被封堵废弃。后续 5 次试验（爆炸威力最高 7 万～20 万吨 TNT 当量）均在 2 号隧道进行。3 号和 4 号隧道尚未进行过核试验。

2018 年，朝鲜在重启半岛无核化期间关闭了丰溪里核试验场，封堵了 2 号、3 号、4 号隧道并爆破拆除了相关设施。半岛无核化进程陷入停滞后，朝鲜逐步恢复核试验场功能。自 2020 年起，丰溪里核试验场持续出现活动迹象。

#### (2) 丰溪里核试验场近期活动情况

据美国智库斯廷森中心的报告称，卫星图像显示，自 2022 年年初起，在丰溪里核试验场后勤支持区、3 号隧道入口、指控中心等地点出现车辆移动、桥梁和道路维修等活动迹象。

2022 年 3 月以来，主要活动集中在 3 号隧道入口区域。3 月和 4 月拍摄的卫星图像显示，虽然 3 号隧道原来的入口仍被碎石封堵，没有重新挖掘的迹象，但在该入口以东 50 米处，朝鲜正在挖掘一个新的隧道入口，施工地点附近已出现一个废石料堆弃场。通往 3 号隧道的道路已完成修复，平整了新入口附近地面，以便大型装备进入隧道。在入口东侧已建起小规模配套建筑，附近还新建了 8 处小型建筑物等。在该区域北侧完成了挡土墙的修缮和扩建。

2022 年 5 月 4 日的卫星图像显示，核试验场指控中心区域也有活动情况。该中心包括一栋两层的总部大楼和一栋一层的蓝色屋顶建筑，两栋建筑物都已被伪装起来。卫星图像显示总部大楼前停有一辆货车，这是自 3 号隧道开始修建以来，该地点首次出现车辆。在 2018 年核试验场关闭期间，指控中心等相关重要建筑没有被爆破拆除，这使核试验场能够较快地恢复功能。

### 2. 核试验目的与爆炸威力的估计

#### (1) 核试验目的

2021 年 1 月召开的朝鲜劳动党第八次代表大会提出“快速发展国防工业核心构想和重大战略任务”要求。2022 年以来，朝鲜已多次进行多种射程弹道导弹和巡航导弹测试，其中包括公路、铁路机动平台战术导弹试射，检验了导弹的“精确度、安全性和运用效果”，确定了“常规战斗部符合设计的爆炸威力”，有助于朝鲜继续开发具有多种作战性能的战斗部。此外，朝鲜还进行了高超声速导弹“战斗部操控性能和稳定性”测试。为了配装战术弹道导弹，朝鲜需进一步实现核武器“小型轻量化、战术武器化”，存在再次进行核试验的可能。

#### (2) 爆炸威力推测

美国智库斯廷森中心根据 2018 年朝鲜公布的丰溪里核试验场布局示意图、前六次核试验的情况、万塔山地质构造和地形以及对地下核试验隧道长度、埋深的估算与模型推导，测算了在 3 号隧道进行核试验的爆炸当量上限。

3 号隧道内包括两条分支隧道，一条较长的分支隧道最大埋深约 600 米，可进行威力 12 万吨 TNT 当量的试验；另一条较短的分支隧道最大埋深约 450 米，可进行威力约 5 万吨 TNT 当量的试验。假如继续挖掘 3 号隧道，使埋深达到 800 米，将具备进行爆炸威力 28 万吨 TNT 当量试验的能力。

韩国研究人员推测，朝鲜如果进行第 7 次核试验，很可能是为了研发搭载于中短程弹道导弹的小型战术核弹头，威力数万吨级 TNT 当量。

### 3. 结语

经过过去 6 次地下核试验，朝鲜在核装置设计、核试验场建设等方面已积累一定经验，具备安全进行第 7 次核试验的能力。综合丰溪里核试验场 3 号隧道活动情况判断，朝鲜有可能选择适当的时机进行地下核爆炸试验，旨在检验低当量战术核弹头设计。2022 年以来，朝鲜加强多种平台的中短程导弹系统开发，扩大导弹力量的多样化与灵活性，已多次成功进行公路机动、铁路机动与潜射平台导弹测试，以增强其战术武器“战争威慑力”。如进行核试验，有助于其建立稳定的、可靠的战术核打击能力，这将进一步加剧朝鲜半岛紧张局势。

（中核战略规划研究总院

杨　力）

# 十五、国际易裂变材料专家组发布《2022 全球易裂变材料报告》

2022 年 7 月 29 日，国际易裂变材料专家组（IPFM）时隔 7 年更新相关数据，发布《2022 全球易裂变材料报告》（以下简称“报告”）。报告重点回顾了《不扩散核武器条约》（NPT）自 1970 年生效以来，主要国家核武器与易裂变材料生产情况，详细披露了全球核弹头、高浓铀、军用钚、民用分离钚的库存量，总结了 NPT 在推动全球和平利用核能方面的贡献与经验。报告主要内容如下。

## 1. 核武器规模

截至 2021 年年初，全球核武器库存约为 13 080 枚，共有 14 个国家拥有核武器：美、俄、英、法、中五个核武器国家，以色列、印度、巴基斯坦、朝鲜四个事实上的拥核国家，以及根据核共享协议部署有美国核武器的比利时、德国、意大利、荷兰和土耳其。其中，美国的核弹头数量大约为 5 550 枚，俄罗斯大约为 6 255 枚，英国约 225 枚，法国约 290 枚；以色列大约拥有 90 枚核弹头，印度 156 枚，巴基斯坦 165 枚，朝鲜拥有可生产 40～50 枚核弹头的军用核材料。

截至 2021 年，全球共有涵盖 112 个国家的五个无核武器区。

### 2. 易裂变材料库存

NPT 防止核武器扩散的核心是控制易裂变材料（分离钚和高浓铀）的生产、转让和使用。

#### (1) 分离钚

截至 2021 年，全球武器级钚的库存量估计为（140±10）吨，另有美国和俄罗斯宣布的冗余武器级钚库存 89.4 吨。全球民用分离钚储量为 317 吨，大多数在俄、英、法等几个核武器国家。假设制造一枚核武器需要 3 千克武器级钚或 5 千克民用（反应堆级）钚，全球分离钚库存可制造 14 万件核武器。目前，5 个核武器国家均已停止生产武器用钚，但印度、以色列、巴基斯坦和朝鲜仍在继续生产用于核武器的分离钚。日本是唯一一个准备运营商业后处理厂且拥有大量分离钚库存的无核武器国家。

#### (2) 高浓铀

截至 2021 年，全球高浓铀库存约为（1 335±125）吨，大部分属于俄罗斯和美国，其中民用高浓铀库存约 42 吨，除南非遗留的几百千克和伊朗生产的几千克外，都是由核武器国家生产的。假设制造一枚核弹头需要 25 千克高浓铀，全球高浓铀库存可以制造 5.5 万件核武器。全球有 14 个国家建立了浓缩设施：美国、俄罗斯、英国、法国、中国、印度、巴基斯坦、朝鲜、伊朗、日本、阿根廷、巴西、德国、荷兰。除阿根廷外，所有国家都在继续生产浓缩铀。伊朗是目前唯一一个生产高浓铀的无核武器国家。

### 3. 核能发展与保障监督

1970 年 NPT 生效时，全球有 14 个国家运行核电反应堆，虽然 NPT 支持和平利用核能事业的发展，近五十年世界核能规模的发展速度远低于1970年的预期。截至2021年，191个NPT成员国中有31个国家拥有可运行的核电反应堆，一半以上的在运反应堆集中在五个核武器国家。在这31个国家中，已有9个国家制定了逐步淘汰核电、不再新建核电厂或不对现有核电厂延寿的政策。另外，印度和巴基斯坦不是NPT成员国，但也有在运的核电反应堆。

### 4. 主要国家情况

#### （1）美国

美国于二战期间启动核武器计划，1945年7月至1992年9月共进行了1054次核试验（其中24次与英国联合开展），核武库规模在1967年曾最高达到31 255枚弹头，目前已降至约5 550枚。美国于1970年批准了NPT条约，1996年9月签署了《全面禁止核试验条约》，但该条约尚未正式生效。

美国武器级钚库存约38.4吨，另有冗余军用分离钚41.4吨，民用分离钚8吨。美国1964年停止武器级高浓铀的生产，1992年停止海军反应堆和所有其他用途的高浓铀生产。截至2021年，美国的高浓铀库存约为566吨，其中包括483.4吨军用高浓铀、16吨民用高浓铀、67吨待掺混低浓化的高浓铀。目前，美国唯一的铀浓缩厂位于新墨西哥州的尤尼斯，由欧洲铀浓缩公司运行。

#### （2）俄罗斯

苏联于1949年研制了第一枚核武器，1949年8月至1989年10月进行了715次核试验，其核武库规模曾在20世纪80年代中期达到4万多件。苏联解体后，俄罗斯接管了所有苏联核武器，并成为苏联核军备控制条约的合法继承者。同美国一道，苏联于1970年批准NPT，1996年俄罗斯签署《全面禁止核试验条约》。截至2021年，俄罗斯约有6 200枚核弹头，其中包括1 700余件待拆卸的弹头。

苏联于 1989 年停止了武器级高浓铀的生产，但仍继续生产用于海军堆、研究堆和快堆燃料的高浓铀。截至 2021 年，俄罗斯库存的高浓铀数量约为（678±120）吨，其中 25 吨用作海军反应堆燃料，6 吨供研究堆使用。俄罗斯拥有 88 吨军用钚，约 40 吨冗余武器级钚，另有 63 吨为民用分离钚。截至 2021 年，俄罗斯运行有四个气体离心铀浓缩设施为俄罗斯和外国反应堆提供浓缩服务，另外还在运行一座民用后处理设施。

### (3) 英国

二战期间，英国主要与美国合作开展核武器计划，1947 年开始自主研制核武器的活动。英国从 1952 年到 1991 年共进行了 45 次核试验，1970 年加入 NPT，1996 年签署《全面禁止核试验条约》。过去十年间，英国的核武器库存一直保持在 225 枚左右，2021 年 3 月英国政府宣布将核武器库存提高到 260 枚。

英国的高浓铀一部分由国内的卡本赫斯特气体扩散厂生产，一部分从美国获得。截至 2021 年，英国约有 21.9 吨军用高浓铀，0.7 吨民用高浓铀，3.2 吨军用钚。英国的民用分离钚储量居全球之首，其中本国民用分离钚库存达到 116.1 吨，另保存着 24.1 吨国外的分离钚（绝大部分归日本所有）。

### (4) 法国

二战后，法国立即成立原子能委员会（CEA）开展核武器研发活动，1960—1996 年共开展了 210 次核试验。1992 年，拥有约 540 枚核弹头的法国加入 NPT，成为 NPT 承认的最后一个核武器国家。同年 8 月，法国停止军用钚生产，但继续生产高浓铀。法国 1996 年签署《全面禁止核试验条约》，并停止生产武器用易裂变材料。目前，法国拥有约 290 枚核弹头。

截至 2021 年，法国约有 24.6 吨军用高浓铀、5.4 吨民用高浓铀、

4.9 吨军用钚、79.4 吨民用分离钚。

(5) 其他国家

以色列在 20 世纪 50 年代启动了核武器计划，主要依靠法国提供的钚生产堆和位于内盖夫沙漠中的迪莫纳后处理厂生产军用钚。现在，该场址已正式称为希蒙佩雷斯内盖夫核研究中心，可能也开展氚和浓缩铀生产等其他武器相关活动。以色列可能在 1979 年进行了核武器试验。根据 2020 年和 2021 年的估计，以色列大约拥有 90 枚核弹头。目前，还不清楚以色列是否曾生产过用于武器或其他军事目的的高浓铀，其军用钚库存约 0.83 吨。

印度的核计划起源于 20 世纪 40 年代，1974 年进行了首次核试验，1998 年又开展了 5 次核试验，至今未加入 NPT，也没有签署《全面禁止核试验条约》。截至 2021 年，印度约有 156 枚核弹头，军用高浓铀库存约 4.5 吨，军用分离钚库存约 0.71 吨，民用分离钚库存约 (8.1±4.3) 吨，其中仅 0.4 吨民用分离钚接受国际原子能机构的保障监督。

巴基斯坦寻求核武器的计划始于 1972 年，1998 年声称共进行了 6 次核武器试验。截至 2021 年，巴基斯坦拥有的核武器数量估计为 165 枚，军用高浓铀库存约 4 吨，军用钚库存约 0.46 吨。同印度一样，巴基斯坦未加入 NPT，也没有签署《全面禁止核试验条约》。

朝鲜 20 世纪 80 年代初启动核武器计划，2006 年 10 月以来共开展六次核试验。据估计，到 2021 年，朝鲜生产的易裂变材料可以制造 40～50 枚核武器，但可能只组装了 10～20 枚弹头。截至 2020 年年底，朝鲜可能已经生产了 230～1 180 千克高浓铀，估计钚材料库存为 (40.4±8) 千克。朝鲜 1985 年加入 NPT，后于 2003 年 1 月退出。

（中核战略规划研究总院
马荣芳、江舸帆、杨　力）

# 核电产业与技术

# 十六、全球核电产业有望迎来加速发展

当前，应对气候变化已经成为全球普遍共识，加快能源结构绿色低碳转型逐步成为各国的一致行动。近期的俄乌冲突凸显了化石燃料价格易因国际形势变化而大幅波动的特性。在这一背景下，许多国家加大对核能重视，着手调整能源政策，大力发展核电，提高核电在本国电力结构中的份额。全球核电行业有望迎来新一轮加速发展。

## 1. 全球核电产业呈积极发展态势

### (1) 主要核电国家均大力支持核电发展

美国政府将核电视为实现碳减排目标和保障未来能源安全的重要选项，积极从两方面助力本国核电发展：**一是支持现有核电机组延寿改造。**美国现有 92 台在运机组，大部分已获准将运行寿期从最初的 40 年延长至 60 年，其中 11 台已宣布准备进一步延寿至 80 年；**二是大力推进包括模块化小堆在内的先进反应堆技术研发，力争在 21 世纪 30 年代实现商业化应用，继续引领全球核电发展。**美国已推出约 20 种先进反应堆设计，其中三种将在能源部支持下，于 2030 年前建成首堆。这三种先进反应堆分别为纽斯凯尔电力公司的模块化小型压水堆、X 能源公司的小型高温气冷堆 Xe-100 和泰拉能源公司的小型钠冷快堆 Natrium。

俄罗斯设定了**到 2045 年将核电份额从目前的 20%提升至 25%**的目标。为实现这一目标，俄未来将重点开展两项工作。一是到 2035 年新建 16 台核电机组，包括 9 台传统压水堆机组、5 台模块化小型压水堆机组、1 台大型钠冷快堆机组和 1 台小型铅冷快堆机组；二是提高核电机组运行效率，包括 2024 年年底前将所有 VVER-1200 机组换料周期延长到 18 个月。

欧洲议会 2022 年 7 月初决定支持将核电项目列入《欧盟可持续金融分类法》涵盖的经济活动情况。这意味着从 2023 年 1 月开始，**核电将被视为绿色能源**，能够吸引更多私营投资。法国政府 2022 年 2 月宣布核电复兴计划，拟于 2028 年开始陆续启动 6 台大型机组建设，未来还可能启动另外 8 台机组建设，目标是到 2050 年新建 2 500 万千瓦核电装机容量。英国政府 2022 年 4 月发布能源安全战略，将加速发展核电作为加强能源独立并降低碳排放的一项核心举措：核电装机容量到 2050 年将达到 2 400 万千瓦，增长三倍多（目前为 588 万千瓦）。

韩国产业通商资源部 2022 年 8 月 30 日发布《第 10 份电力供应基本计划（草案）》，改变了上届政府的弃核政策，表示**将重启核电发展**，到 2033 年建成 6 台核电机组，核电总装机容量将由目前的 2 470 万千瓦增至 3 170 万千瓦。根据新计划，2030 年核电在韩国电力结构中所占份额将达三分之一，2021 年核电实际份额为 27%。

日本首相岸田文雄 2022 年 8 月 24 日在能源政策研讨会上表示准备从三方面推动核电发展：**一是继续推进核电重启进程**，2023 年夏季之后，重启的核电机组数量将从目前的 10 台增至 17 台；**二是延长核电机组运行寿期**，目前的法定运行寿期最长为 60 年，今后将考虑在这一基础上进一步延长运行寿期；**三是对研发和建设新一代核电反应堆展开研讨，并争取在年内提出具体方案。**福岛核事故之后，日本政府一直表示不会考虑新建核电厂，岸田文雄的上述表态意味着日本核电政策即将迎来重大转变。

印度正在建设 8 台核电机组，包括 4 台压水堆机组、3 台加压重水堆机组和 1 台快堆机组。印度已批准在 2023—2025 年启动建设 10 台加压重水堆机组，还准备使用俄技术建设 2 台压水堆机组，并与法国电力公司和美国西屋公司商谈分别建设 6 台欧洲压水堆（EPR）机组和 6 台 AP1000 机组的事宜。

#### (2) 无核电国家对发展核电兴趣提升

阿联酋和白俄罗斯去年实现了本国首台核电机组投运，全球核电国家因此增至 32 个。

孟加拉国、土耳其和埃及正在使用俄罗斯 120 万千瓦压水堆技术建设本国首批核电机组。孟加拉国卢普尔核电厂正在建设 2 台机组，将于 2023—2025 年投运；土耳其阿库尤核电厂正在建设 4 台机组，将于 2023—2026 年投运；埃及埃尔达巴核电厂准备建设 4 台机组，首台 2022 年 7 月启动建设。

波兰政府在最新发布的《至 2040 年能源政策》中提出计划建设 6 台大型核电机组。哈萨克斯坦已选定首座核电厂的厂址，并准备在 2023 年从来自中国、美国、法国和韩国的四家核电技术供应商中选择一家，启动首座核电厂建设，目标是到 2035 年将核电份额提升至 12%。

包括约旦、沙特、立陶宛、爱沙尼亚、玻利维亚、智利、纳米比亚和肯尼亚在内的 20 多个亚洲、欧洲、美洲和非洲国家已宣布准备在本国发展核电，并为此开展各项准备工作。

### 2. 背景因素分析

#### (1) 实现《巴黎协定》气候目标需要推进核电加速发展

《巴黎协定》设定了将全球平均气温升幅控制在比前工业化时期高

2 摄氏度以内并努力将温升控制在 1.5 摄氏度以内的目标。为实现这一目标，许多国家已承诺到 2050 年实现净零排放。包括国际能源署、经合组织核能机构、国际原子能机构在内许多国际权威机构的研究表明，实现气候目标，需要大规模采取包括核电在内的“所有可行”的减排技术。核电是一种清洁、高效、优质的基荷能源，目前是全球发电量仅次于水电的第二大清洁电力来源。

国际能源署在 2022 年 6 月发布的报告《核能与能源安全转型》中指出，如果 2050 年实现净零排放，全球核电装机容量需要翻番，从当前的 4.13 亿千瓦增至 2050 年的 8.12 亿千瓦。如果核电未能实现这一幅度的增长，全球在实现碳中和的过程中将遇到三方面挑战：一是总支出提高，到 2050 年需要增加 5 000 亿美元投资；二是清洁能源供应链压力增大，核电装机容量每减少 100 万千瓦，就需要其他类型的电力装机容量增加 350 万千瓦；三是消费者电力账单将易受天然气和煤炭价格波动的影响。

### （2）化石燃料价格近期大幅波动使核电再次获得关注

近期的俄乌冲突加剧了全球能源危机，化石燃料价格大幅上涨，电价也随之上涨，在主要依赖天然气发电的地区尤为突出。这促使许多国家尤其是欧洲国家高度重视能源安全问题。这些国家开始调整能源发展战略，准备寻求能源独立，摆脱对俄能源依赖。

核电成为许多国家推进电力结构清洁低碳转型、减少对化石燃料依赖的重要选择。一是虽然核电厂造价高，但建成后可持续运行 60 年甚至更长时间，发电成本稳定且可预测，受国际形势动荡的影响较小；二是核燃料能量密度大，所占空间小，易于存储和运输；三是模块化小堆等新兴核电技术具有固有安全性好、造价低、建设周期短等特点，不仅可以在岛屿、无电网的偏远社区等以前不适于发展核电的地区部署，还能够实现多元化应用，可用于发电、供热、制氢和海水淡化等。

### 3. 小结

当前，应对气候变化已成为全球普遍共识，加快能源结构绿色低碳转型成为各国的一致行动。近期的俄乌冲突突显了化石燃料价格易因国际形势变化而大幅波动的特性。在这一背景下，许多国家开始关注核能，主动调整或准备调整能源政策，试图大力发展核电，提高核电在本国电力结构中的份额。主要核电国家继续支持核电发展，多个限核弃核国家转变核能发展态度，数十个无核电国家准备发展核电，全球即将迎来新一波核电建设热潮。

（中核战略规划研究总院
伍浩松）

# 十七、2022 年国外新型核电反应堆发展动向

2022 年，各国小型模块化反应堆研发、监管审批、部署应用等进展活跃。美俄在钠冷快堆、高温气冷堆、熔盐堆等新型反应堆技术发展和研发能力建设上有多项突破。各国先进大型压水堆的技术研发与推广持续取得进展。

## 1. 基于轻水堆的小型模块化反应堆

小型模块化反应堆的装机容量不超过 300 兆瓦，其小型化和模块化的特点使反应堆在建造和应用等方面较为灵活，适用性强，并且具有非能动和固有安全特性。当前的小型模块化反应堆一般采取压水堆、沸水堆、（超）高温气冷堆、钠冷快堆等堆型。2022 年，俄罗斯、美国、加拿大、英国、法国、韩国等国家积极推动各类小型模块化反应堆技术的发展，合作或单独开展小型模块化反应堆的研发和建设工作。其中，压水堆和沸水堆设计的小型模块化反应堆成熟度高，近期国外多个项目应用前景显著或已经应用。

### (1) 俄罗斯开始建造升级型浮动核电厂

俄罗斯“罗蒙诺索夫院士”号浮动核电厂是国外近年来首个建成运行的小型反应堆，已于 2020 年年初并网发电。其包括 2 座 KLT-40S 压水堆，总电功率为 70 兆瓦，供热功率 58 兆瓦，燃料采用丰度 20%

以下的低浓铀。2022 年 7 月，该核电厂增加了为俄罗斯楚科奇自治区提供城市供热的覆盖范围，并计划未来向整个城市提供供暖和热水。

俄罗斯国家原子能公司也启动了首座升级型浮动核电厂（MPEP）建造。其采用 2 座 RITM-200S（或称 RITM-200M）反应堆，总装机容量 106 兆瓦，每座反应堆热功率 198 兆瓦，反应堆燃料采用丰度最高为 20%的低浓铀。RITM-200S 相对 KLT-40S 反应堆提升了效率和安全性，堆芯能量增加 5 倍，换料周期加倍，达到 5 年。该浮动核电厂的船体由中国公司制造，于 2022 年 8 月底进行了龙骨铺设仪式，船体长 140 米，宽 30 米，携带设备后重量 19 088 吨。船体预计于 2023 年年底交付俄罗斯进行设备安装。俄罗斯国家原子能公司 2022 年 12 月称，阿夫里坎托夫机械制造实验设计局（OKBM）完成了 RITM-200S 反应堆堆芯的技术设计，博奇瓦无机材料高技术研究院完成了燃料元件、可燃吸收剂棒、启动中子源的开发，堆芯将由 MSZ 核燃料制造厂生产，反应堆由特种钢（SpetsStal）联合企业制造，由奥尔忠尼基泽-波多利斯克工厂（ZiO-Podolsk）组装。俄罗斯计划建造 4 座升级型浮动核电厂为楚科奇自治区的佩先卡斑岩铜矿提供电力。

#### (2) 俄计划在雅库特建造陆上小型堆，出口前景初现

除了浮动核电厂，俄罗斯正筹备在雅库特地区建立陆上小型堆，计划的两种堆型是 Shelf-M 和 RITM-200N。

Shelf-M 小堆为一体化水冷设计，装机容量为 10 兆瓦，可在 −60～40 摄氏度的温度范围内运行，一次换料可运行 8 年，总寿命 60 年，反应堆在工厂完成大部分制造工作后以模块形式交付到建设场址。2022 年 6 月，俄罗斯国家原子能公司总经理和雅库特共和国行政长官签署协议，计划在雅库特建设首座 Shelf-M 反应堆，计划 2023 年确定场址，2030 年投运。2022 年 8 月，俄罗斯多列扎利动力工程科研设计研究院（NIKIET）中标 Shelf-M 小堆开发项目，合同价值 39.87 亿卢

布（6 660 万美元），计划 2025 年年底前完成。NIKIET 将开发反应堆装置的技术设计和主要技术设备，这项工作分六阶段完成。NIKIET 在 2022 年 12 月宣布已完成 Shelf-M 反应堆设施第一阶段的开发，完成了初步设计阶段的设计文件编制，选择了主要技术方案和结构元件，编制出产品结构和功能图，开展了计算并完成一项可行性研究，并向俄罗斯国家原子能公司提交了包括选址、运营、监管和法律问题的初步设计。

俄罗斯计划在雅库特建设另一个小堆是 RITM-200N。该反应堆采用压水堆技术，基于 22220 型破冰船的 RITM-200 反应堆设计。俄罗斯远东与北极开发部、雅库特共和国自然资源与生态部、俄罗斯国家原子能公司三方 2022 年 9 月在俄罗斯副总理和总统代表见证下签署协议，协议涉及在雅库特地区建立核能矿产资源中心，覆盖多个采矿项目，其中包括建造 2 座 RITM-200N 反应堆。反应堆热功率 190 兆瓦，装机容量 55 兆瓦，预计 2024 年启动建造，2028 年并网发电。俄罗斯国家原子能公司海外公司（RAOS）在 2021 年 8 月获得联邦环境、工业和核监管局（Rostekhnadzor）颁发的许可证，得到授权继续在雅库特继续开展建造 RITM-200N 反应堆的项目。俄罗斯联邦自然资源监督局 2022 年 4 月 20 日公布第 546 号命令，即国家环境专家评估委员会批准该反应堆建造项目的核能许可证申请支持材料，这为获得许可证奠定了基础。此外，俄罗斯国家原子能公司还在 2022 年 1 月和吉尔吉斯斯坦能源与工业部签署合作备忘录，打算在吉尔吉斯斯坦合作建造 RITM-200N 反应堆。

### （3）美国纽斯凯尔小堆获监管认证，着手向多国推广

纽斯凯尔小堆为一体化设计，单堆模块的热功率为 160 兆瓦，电功率 50 兆瓦。纽斯凯尔小堆经过多年美国核管会审查，2022 年成为美国首个获得核管会通用设计认证的反应堆设计。核管会 2022 年 7 月

月底批准了在美国使用5万千瓦版纽斯凯尔小堆的反应堆设计认证的最终规则，成为得到核管会通用设计认证的第7种反应堆技术。

纽斯凯尔公司以纽斯凯尔小堆为模块，提出了VOYGR核电厂方案，可由4个、6个或12个小堆模块组合，每个小堆功率为77兆瓦，采用丰度为4.5%以下的低浓铀燃料。2022年2月，纽斯凯尔公司与波兰波铜集团签署在波兰建设首座VOYGR小型堆的最终协议，计划最早于2029年建成。5月，纽斯凯尔公司与罗马尼亚国家核能公司签订谅解备忘录，在罗马尼亚开展VOYGR小型堆的选址工作。8月，美国纽斯凯尔电力公司宣布将与爱沙尼亚能源公司合作评估纽斯凯尔模块化小堆电厂在2031年前应用的可行性。

#### （4）加拿大等多国筹备建设通用-日立BWRX-300

BWRX-300小型模块化反应堆由通用-日立核能公司（GEH）基于传统大型沸水堆研发，功率为300兆瓦，采用氧化铀作为燃料。该反应堆具有非能动安全特性，发生紧急情况时可在无外界供电和人为干预的情况下，依靠重力和蒸汽冷凝在最短7天内完成冷却。在反应堆的经济性方面，通用-日立核能公司也在美国能源协会会议上表示，其平准化发电厂成本可以实现60美元/兆瓦时。

加拿大、美国等国家已有建造BWRX-300反应堆的进展或计划。加拿大进展最快，2021年安大略电力公司就已选择BWRX-300作为达灵顿核电厂的新建反应堆堆型。2022年3月，安大略ES Fox公司得到了这个新建项目第一阶段场地准备和支持基础设施的合同。萨克斯喀彻温电力公司（SaskPower）在6月宣布将在21世纪30年代中期于萨克斯喀彻温省建设BWRX-300。目前，BWRX-300正在接受加拿大核安全委员会的供应商设计审查（VDR）。此外，美国田纳西流域管理局2022年8月与通用电气-日立达成协议，推进该反应堆在田纳西州的克林奇河附近建设的规划和初步许可工作。瑞典模块化小堆项目开发公司（Kärnfull Next）3月份与通用-日立核能公司签署谅解备忘录，将在瑞典建设BWRX-300。

### （5）法国政府推动NUWARD小型堆发展

NUWARD由两座小型模块化反应堆组成，每座装机容量为17万千瓦，采用第三代＋压水堆技术。NUWARD由法国电力公司、法国原子能与可替代能源委员会和法国海军集团等机构于2019年9月启动研发，预计首座示范电厂于2030年启动建设。法国电力公司2022年6月宣布NUWARD小型堆设计将成为欧洲多国核监管机构的早期联合评审监管审查的测试案例，旨在推进欧洲国家的合作以及小堆法规的协调。11月，法国政府表示将投入约200亿欧元用于今明两年的技术和能源转型，NUWARD小型堆将于明年获得投资。

### （6）其他相关动向

捷克、波兰等国家的企业也提出建造小型堆的意向。捷克能源集团在2022年3月将首台小堆场址确定在泰梅林核电厂，预计最早在2032年建成该模块化小堆。该公司还在10月与加拿大安大略电力公司宣布将合作开发模块化小堆等先进核技术。韩国SK集团5月宣布将与美国泰拉能源公司共同开发模块化小堆相关技术。美国Last能源公司8月与波兰莱格尼卡经济特区达成协议，计划在波兰建设10座模块化小型压水堆。

## 2. 钠冷快堆

俄罗斯是钠冷快堆运行数量最多、技术最成熟的国家，正继续开展现有钠冷快堆延寿、换装MOX燃料以及大型钠冷快堆规划等。印、美等国也正推动相关研究工作。

### (1) 俄 BN-600 筹备延寿、BN-800 实现 MOX 燃料换装、BN-1200 场址确定、MBIR 建设持续推进

俄罗斯的 BN-600 和 BN-800 位于别洛雅尔斯克核电厂，装机容量分别为 600 兆瓦和 800 兆瓦，于 1980 年和 2015 年投运。2022 年，BN-600 主要进行了延寿的准备工作，计划在三年内更换 24 个蒸气发生器模块。BN-800 继续实施铀钚混合氧化物（MOX）燃料换装，9 月 BN-800 机组全堆芯装填 MOX 燃料后实现了满功率运行，成为世界上首台全堆芯 MOX 燃料快堆。

BN-1200 装机容量 1 200 兆瓦，目标是为达到更高运行效能和经济竞争力。俄罗斯别洛雅尔斯克核电厂 7 月宣布将在该厂两台退役机组的场址上建设俄首台 BN-1200 反应堆。该机组计划于 2035 年年底建成。

俄罗斯多用途钠冷快中子研究堆（MBIR）由俄罗斯国家原子能公司在季米特洛夫格勒建设，热功率 150 兆瓦，采用 MOX 燃料，该研究堆在 2022 年 1 月份进行了容器组装测试，预计将于 2027 年建成。

### (2) 印度钠冷快中子试验堆达到设计功率

印度钠冷快中子试验堆（FBTR）基于法国“狂想曲”反应堆研发，于 1985 年首次启动，是世界上首个采用铀钚碳化物混合燃料的反应堆。该反应堆建成运行初期功率最高限仅 8 兆瓦，多年来逐步探索扩大燃料运行边界，增加燃料组件数量，堆功率上限此前在 2018 年达到了 32 兆瓦。2022 年 3 月该反应堆首次达到 40 兆瓦的设计功率水平。

### (3) 美国筹备建设钠冷快中子试验堆

美国多用途钠冷快中子试验堆（VTR）基于通用电气-日立核能公司的 PRISM 钠冷快堆研发，采用了金属合金燃料。美国能源部 2022 年 5 月公布 VTR 建设的最终环境影响声明，7 月宣布该试验快堆将在

爱达荷国家实验室建设。VTR 作为美国近 30 年来首座快中子试验堆，将成为重要技术研发平台。

#### (4) 其他相关动向

在钠冷快堆的燃料制造、冷却剂再处理和退役技术方面，各国也有了新的动向。加拿大先进反应堆概念公司（ARC）已与加拿大核实验室（CNL）进行合作，研发 ARC-100 模块化小堆燃料制造工艺。英国卡文迪许核电公司、美国雅各布集团与日本原子能研究开发机构合作，将在英国对日本文殊钠冷快堆的冷却剂进行处理和再利用。国际原子能机构在 2022 年 1 月表示将启动一个新的协调研究项目，推动钠冷快堆退役的研发工作。

### 3. 铅冷快堆

铅冷快堆是液态金属冷却反应堆除钠冷快堆外的另一主要发展方向。俄罗斯已在建造世界首座铅冷快堆，瑞典、英国等也开展了相关研究。

#### (1) 俄罗斯继续建造 BREST-OD-300

BREST-OD-300 反应堆采用池式设计，装机容量 300 兆瓦，采用铀钚氮化物燃料。该反应堆位于俄罗斯托木斯克州东南部的谢韦尔斯克，属于中试示范能源综合体（ODEK）项目，是俄“突破”计划的一部分。反应堆 2021 年启动建设，2022 年 9 月，反应堆基底准备组装，后续将进行安装。此外，该反应堆配套铀钚氮化物燃料的制造设施也正在进行测试，预计 2023 年建成。

#### (2) 瑞典公司推动铅冷反应堆研究试验

瑞典 SEALER（瑞典先进铅反应堆）由瑞典“铅冷”（LeadCold）公司开发，针对不同应用场景的设计方案采用不同的燃料，北极偏远地区设计方案采用二氧化铀燃料，功率为 3～10 兆瓦；并网发电的设计方案采用氮化铀燃料，功率为 55 兆瓦。

该反应堆技术仍处于研究试验阶段。2022 年 2 月，瑞典能源局资助瑞典模块化反应堆股份公司在奥斯卡港核电厂建设一座瑞典先进铅冷模块化小堆（SEALER）的非核原型堆，对材料和技术进行测试和验证，该装置预计于 2024 年投入运行。

#### （3）其他相关动向

2022 年 3 月，英国先进反应堆开发公司 Newcleo 与意大利新技术、能源与环境局（ENEA）宣布将合作开发小型铅冷快堆。英国 Newcleo 公司 6 月宣布投入 3 亿欧元研发 MOX 燃料，为将来在英法两国运营 30 兆瓦的小型铅冷原型快堆提供支持。

### 4. 高温气冷堆

美国多个高温气冷堆研发项目取得进展，X 能源公司的 Xe-100 小型高温气冷堆完成基础设计，国防部军用微堆项目进入研制阶段。

#### （1）美国公司 Xe-100 高温气冷反应堆完成基础设计

Xe-100 小型高温气冷堆由美国 X 能源公司研发，采用三元结构各向同性（TRISO）燃料，电功率为 80 兆瓦，热功率为 200 兆瓦。X 能源公司 2022 年 8 月宣布完成了 Xe-100 的基础设计，并且在橡树岭国家实验室的设施中制造了首批 TRISO 燃料颗粒。

美国陶氏材料科学公司与 X 能源公司于 2022 年 8 月宣布开展合作，在陶氏公司位于墨西哥湾沿岸的场址建设 Xe-100。该反应堆将在 2030 年投运。美国柯蒂斯-怀特公司与 X 能源公司 2022 年 9 月宣布将合作开展 Xe-100 的设计和建设工作。美国 X 能源公司与英国卡文迪什核电公司在 2022 年 5 月宣布，将在英国未来高温气冷反应堆的应用方面开展合作。早在 2021 年 12 月，英国政府就宣布将高温气冷堆技术作为“先进模块堆研究、开发和示范”计划的重点，认为该技术符合英国的需求。

### (2) 美国国防部推动军用微堆试点项目

在移动式军用微堆方面，美国国防部 2022 年 6 月确定 BWX 技术公司为其在爱达荷国家实验室建设“贝利”计划的首座军用移动微堆。该反应堆将基于高温气冷堆设计，计划在 2025 年建成。根据“贝利”计划的目标，该反应堆电功率可能在 1～5 兆瓦。

在固定式军用微堆方面，美国政府计划在阿拉斯加州艾尔森空军基地建设一座固定式微堆。美国空军预计在 2023 年确定该微堆的供应商并于 2027 年投运反应堆。

## 5. 熔盐堆

熔盐堆在各类新型反应堆中技术成熟度较低。着眼熔盐堆在安全性上的潜在优势，美、英、加、韩等多国公司推动熔盐堆的相关研究和试验能力建设。

### (1) 美国公司筹备建设赫尔墨斯低功率示范堆，建成一座非核试验装置

卡伊洛斯电力公司研发的赫尔墨斯（Hermes）低功率示范堆是 140 兆瓦的氟化盐冷却高温堆（KP-FHR）的示范版本，热功率 35 兆瓦，计划于 2026 年在橡树岭建成。该公司 2021 年向核管会提交建造许可证申请，2022 年完成环境影响声明草案，预计于 2023 年完成核管会最终安全评估。

美国南方电力公司和泰拉能源公司合作开发的综合效应试验设施（IET）是一个非核、外部加热的 1 兆瓦多环路系统，支持快中子谱熔盐试验堆研制。2022 年 10 月该设施建成，成为世界上规模最大的氯

化物熔盐系统。

### (2) 加拿大公司推动 IMSR 熔盐堆商业化

加拿大特里斯特尔能源公司的一体化熔盐堆（IMSR）设想将实现高效发电和热电联产，还可用于低碳制氢、制氨等工业化活动。加拿大核安全委员会和美国核管会 2019 年开始对该反应堆的“假想启动事件分析与方法学”进行联合评审，于 2022 年 6 月完成。2022 年 8 月特里斯特尔能源公司还与加拿大阿尔伯塔省投资局签署谅解备忘录，将合作推进一体化熔盐堆的商业化。

### (3) 英国公司提出 FLEX 熔盐堆设计

FLEX 熔盐堆由英国莫尔泰克斯能源公司下属的 MoltexFLEX 公司设计，功率为 40 兆瓦，可根据需求变化自动调整功率，使用两种熔盐作为燃料和冷却剂。2022 年 9 月，MoltexFLEX 公司正式推出了该反应堆的设计，首座反应堆计划 2029 年投运。

### (4) 丹麦公司设计浮动紧凑型熔盐堆

丹麦 Seaborg 公司设计的模块化紧凑型熔盐堆（CMSR）装机容量为 200～800 兆瓦。2022 年 4 月，韩国三星重工（SHI）宣布已与丹麦 Seaborg 公司签订谅解备忘录，计划结合三星重工的造船技术由 Seaborg 公司以交钥匙的方式向其提供紧凑型熔盐堆的浮动核电厂。

## 6. 热管微型堆

热管型反应堆具有较强的非能动固有安全性，结构紧凑，设计简化，是兆瓦级别的小功率反应堆的技术选择之一。近期进展较快的有西屋公司的 eVinci 和美国奥克洛公司的 Aurora 两种设计。

### (1) 西屋 eVinci 微堆设计审查预审启动

eVinci 微堆由美国西屋公司研发，采用热管冷却技术，电功率为

5 兆瓦、热功率为 13 兆瓦。该反应堆可实现热电联产，并具有可移动性。反应堆燃料为三元结构各向同性（TRISO）颗粒，具有耐高温的特点，该燃料在最高温度达到 1 800 摄氏度的 300 小时测试中并未发生破损。

加拿大支持 eVinci 微堆的开发，并启动了审查工作。2022 年 9 月，加拿大和安全委员会（CNSC）与美国西屋公司签署协议，对 eVinci 微堆设计进行供应商设计审查（VDR）预审。西屋电气加拿大公司 3 月获得加拿大政府 2 160 万美元的资助，用于 eVinci 微堆的开发。5 月，加拿大萨斯喀彻温省研究委员会（SRC）和西屋电气加拿大分公司表示将联合开发 eVinci 微堆。

#### （2）美国奥克洛公司申请 Aurora 微堆许可证

Aurora 微堆是由美国奥克洛（Oklo）公司开发，采用热管冷却技术，电功率为 1.5 兆瓦，燃料为高丰度低浓铀。奥克洛公司已就该反应堆向美国核管会提出了建造和运行许可证申请，但在 2022 年 1 月因信息缺失问题被核管会拒绝。9 月，奥克洛公司再次向核管会提交了其项目计划。

### 7. 先进大型压水堆

#### （1）俄罗斯推动新型 VVER 建造和改进

VVER-1200 由俄罗斯水压机设计局公司开发，有 V-392M 和 V-491 两种子型号，采用了新技术提高了功率、设备寿命，电功率 1 170 兆瓦，热功率 3 200 兆瓦。俄罗斯国内首座 VVER-1200 是新沃罗涅日第二核电厂 1 号机组，2017 年投入商用，到 2022 年已建成 4 座。其中，在 2022 年 3 月，俄罗斯国内第 4 座 VVER-1200 机组列宁格勒第二核电厂 2 号机组投入运行。此外，VVER-1200 已在多个国家建造。2022 年，土耳其阿库尤核电厂第 4 座 VVER-1200 机组开始建设，白俄罗斯第 2 座 VVER-1200 机组正在进行并网前的调试工作。俄罗斯国家原子能公司宣布于 2022 年 7 月开始建设埃及首座核电厂，包括 4 座 VVER-1200 机组。2022 年 8 月，匈牙利监管机构颁发波克什核电厂两座 VVER-1200 反应堆建造许可证。

VVER-TOI 型号为 V-510，是在 V-392M 基础上开发的一种技术和经济上更加优化的标准化技术，热功率 3 300 兆瓦，电功率 1 255～1 300 兆瓦，首批 2 台机组为库尔斯克 2 号核电厂 1 号机组和 2 号机组，分别在 2018 年 4 月和 2019 年 4 月开工建造。

VVER-S 同样由俄罗斯水压机设计局研发，相比于传统的 VVER，其具有中子能谱调节功能，通过改变堆芯中的水-铀比以代替液态硼调节并实现反应堆控制。该反应堆设计文件已经完成制定且建设许可证也已获批。2022 年 2 月，俄罗斯副总理表示，该国将在 2030 年前开始建设首座 VVER-S 反应堆。

### (2) 芬兰建成欧洲首座 EPR

欧洲压水堆（EPR）由法国电力公司研发，属于第三代压水堆。芬兰奥尔基洛托的 EPR 机组在 2022 年 3 月并网发电，装机容量为 1 600 兆瓦，成为欧洲建成的第一座 EPR。此外，英国塞兹韦尔 C 核电项目也计划建设两座欧洲压水堆（EPR），总装机容量 3 200 兆瓦，预计 2024 年前项目启动。

### (3) 西屋公司向波兰推广 AP1000

美国西屋公司 2022 年 9 月与波兰 22 家公司签署谅解备忘录，就在波兰建造 AP1000 反应堆开展合作，使波兰工业界众多企业参与本国的核电建设，同时也为在中欧地区开展其他合作项目奠定基础。美国 2022 年 9 月 12 日通过能源部和美国驻波兰大使向波兰气候与环境部提交的《民用核合作概念和执行报告》提出建设 6 座大型反应堆。

### (4) 韩国公司在阿联酋建成 APR-1400

APR-1400 由韩国工程公司研发，是一种先进压水堆，功率为 1 400 兆瓦。2022 年 10 月，阿联酋核能公司表示巴拉卡核电厂 3 号机组实现并网发电，预计测试后将于 2023 年投运。该核电厂四台机组全部采用 APR-1400 反应堆，1 号和 2 号机组分别在 2020 年和 2021 年实现并网发电。

### (5) 日本公司设计 SRZ-1200 先进压水堆

SRZ-1200 由日本三菱重工和日本四家电力公司合作开发，相比传统压水堆技术增加了安全功能，装机容量为 1 200 兆瓦。2022 年 9 月，日本三菱重工推出了该反应堆的设计，计划于 2035 年左右将其商业化。

## 8. 小结

### (1) 小型模块化反应堆是各国研究的热点

基于轻水堆技术的小型模块化反应堆具有成熟度高、适用性强、成本低等优势，是国际研究和推动应用的热点。2022 年，美国 BWRX-300 沸水堆、纽斯凯尔压水堆等，俄罗斯新型浮动反应堆 RITM-200S、陆上小堆 Shelf-M 和 RITM-200N 等在推动应用上均取得一定进展。同时，小型堆推广应用也显露出监管审批、公众接受、防扩散等方面挑战。

### (2) 先进压水堆的研发和建设显著推进

世界在运反应堆以第二代核电技术为主，在建反应堆以第三代为主，各国还为进一步提升技术、安全、经济方面水平研发先进压水堆技术。近年来，美、俄、法、韩第三代压水堆已陆续投入运行并出口到国外，在研的新技术包括俄罗斯 VVER-S、日本 SRZ-1200 等。

### (3) 美俄新型反应堆技术领先，有良好出口前景

美、俄两个核反应堆技术大国在新型反应堆技术研发、建设方面处于领先水平，其中，美国开发的小型模块化反应堆在各国均有推动部署的动向，快堆、高温气冷堆、熔盐堆等新反应堆技术的试验装置也陆续开建。俄罗斯钠冷快堆完成了铀钚混合氧化物燃料换装。美俄先进压水堆也出口到多个国家。

### (4) 加拿大等一批国家大力推动本国部署新型反应堆

加拿大、英国等国家通过提出规划和政策支持、推动监管审批、开展技术合作等措施，借助国内外技术促进小型模块化反应堆和先进反应堆技术的部署。加拿大与美国联合开展反应堆技术评审、提供资金以及出台政策推动本国小型模块化反应堆部署。英国与意大利合作开发小型铅冷快堆，与美国在高温气冷反应堆技术方面开展合作。捷克、瑞典方面也积极开展小型模块化反应堆的研发和部署。

（中核战略规划研究总院
李光升）

# 十八、全球大力推进核能制氢

2022年7月26日，包括国际原子能机构、世界核协会、美国爱达荷国家实验室、美国亚利桑那公共服务公司、美国纽斯凯尔电力公司在内的全球50多家国际组织、研究机构、核电运营商和先进反应堆技术开发商等联合成立“核氢倡议”联盟，旨在合作推进核能制氢技术的商业化应用、助力全球碳减排进程。

氢是一种绿色低碳、来源丰富、应用广泛的二次能源，对构建清洁安全高效的能源体系、实现“双碳”目标具有重要意义。目前全球大部分氢利用煤、石油、天然气等化石燃料制取，过程中会释放大量二氧化碳，不利于碳减排目标的实现。核能具有无碳排放特性，因此核能制氢已成为全球公认的最具前景的大规模制氢方式之一。

核能制氢主要有四条技术路线，包括：利用核电进行常温电解制氢；利用先进反应堆产生的500～900摄氏度的高温热能，可支持两种技术制氢，即蒸汽甲烷重整和热化学分解水；利用先进反应堆生产的电力和高温热能进行高温蒸汽电解制氢。其中蒸汽甲烷重整技术需要以甲烷为原料，另外三种技术均以水为原料。

## 1. 主要国家核能制氢政策及进展

当前，包括美国、俄罗斯、法国、英国、加拿大和日本在内的全球 10 多个国家明确提出将利用核能制氢，并积极出台相关政策，支持核能制氢技术研发，已取得一系列进展，多座核能制氢示范设施有望近期投运。

### (1) 美国

美国于 2021 年 11 月颁布《基础设施投资和就业法案》，宣布将拨款 80 亿美元用于建设四个区域清洁氢中心，以进行清洁氢生产、加工、储存、运输和使用，其中至少一个中心必须利用核能制氢；2022 年 8 月颁布《降低通胀法案》，明确提出将以税费抵免的方式降低清洁氢的生产成本，进而扩大生产规模和使用范围；能源部 2022 年 9 月初发布“核能制氢及应用”资助项目，旨在研发电解制氢技术和扩大氢的应用范围。

在能源部资金支持下，美国三家企业正在大力推进核能制氢项目，三座制氢设施将于近期投运。爱克斯龙公司正在九英里峰核电厂建设质子交换膜电解槽，预计将于 2022 年 12 月启动清洁氢生产。埃克西尔能源公司正在普雷里岛核电厂建设电解制氢示范设施，预计将于 2024 年年初开始制氢。Energy Harbor 公司正在戴维斯-贝瑟核电厂推进常温电解（质子交换膜）制氢设施建设，预计该设施将于 2024 年投入运行。

### (2) 俄罗斯

俄罗斯 2020 年 6 月发布《2035 年能源战略》，提出将成为世界领先的氢生产国和出口国，并积极推进核能制氢应用；同年 10 月发布《2024 年前氢能发展路线图》，明确指出俄罗斯国家原子能公司将在制氢领域发挥关键作用；2021 年 8 月发布《氢能源发展构想》，将核能制氢作为一项优先发展技术。

在相关政策支持下，国家原子能公司准备近期在现有核电厂实现电解制氢，远期利用高温气冷堆制氢，正在开展两个核能制氢项目：一是 2025 年在科拉核电厂建成一座能年产 150 吨氢气的电解制氢中试设施；二是于 2021 年启动高温气冷堆与蒸汽甲烷重整工艺耦合制氢技术的研发以及前端工程和设计工作，预计于 2032 年建成高温气冷堆，并于 2036 年启动制氢。

### (3) 法国

法国 2020 年 9 月发布国家氢能战略，宣布将在 2030 年前投资 70 亿欧元建成 650 万千瓦电解槽，以利用核能和可再生能源制氢。总统马克龙在 2021 年 10 月公布的“法国 2030 计划 3”中指出，法国能够大力发展低碳氢的关键在于其拥有核能这张“王牌”，即可以利用核电这一在法国总发电量中占比超过 70%的无碳电力制氢，法国将投资 23 亿欧元推动电解制氢技术的发展，包括到 2030 年至少建成 2 座百万千瓦级电解制。

法国麦克菲公司将负责建造其中一座超级制氢厂，目前已完成选址工作，并在 2022 年 2 月从法国政府获得 1.14 亿欧元资助，随后于 7 月获得欧盟委员会“欧洲共同利益项目——氢技术”资金支持。法国电力公司于 2022 年 4 月中旬启动一项氢计划，将投资 20 亿～30 亿欧元用于推进核电制氢，目标是到 2030 年建成 300 万千瓦电解槽。

### (4) 英国

英国 2021 年 8 月发布的《氢战略》将核能作为制氢的关键能源，强调：一是利用现有反应堆常温电解制氢；二是大力研发高温气冷堆，预计将在 21 世纪 30 年代实现高温蒸汽电解制氢；三是研发先进反应堆，在 21 世纪 30 年代中后期使用这类反应堆进行热化学分解水制氢。2022 年 4 月，英国发布《能源安全战略》，计划通过发展核能和可再生能源，到 2030 年将低碳电解制氢能力提升至 1 000 万千瓦。

根据相关政策要求，法国电力公司目前已完成相关可行性研究，计划为正在建设中的英国欣克利角C核电厂配备大型电解槽。此外，英国超安全核公司计划以其现有微型高温气冷堆为基础，开发改进型微堆，并进行制氢示范，该项目已获得政府资金支持。

### (5) 日本

日本是全球首个制订氢战略的国家，于2017年12月发布《氢基本战略》，旨在实现脱碳的同时维护工业竞争力。日本于2020年10月发布《绿色增长战略》，并于2021年6月进行了修改。修订后的战略提出将大力推进核能制氢，尤其是利用高温气冷堆制氢。日本计划在2030年完成有关高温气冷堆制氢技术研发，即将高温气冷堆分别与高温电解、蒸汽甲烷重整和热化学分解水工艺耦合。

应日本经济产业省要求，日本原子能研究开发机构和三菱重工于2022年4月启动高温试验堆制氢示范项目，目前正在研究将试验堆连接至制氢厂所需的具体改造，随后将从2022年年底开始分阶段开展许可申请、设备改造和测试工作。

### (6) 加拿大

加拿大2020年12月发布《氢能战略》，大力支持核能制氢，该战略的短期目标是利用反应堆非高峰时段产生的电力制氢，长期目标是利用先进反应堆的蒸汽和高温热能分别开展蒸汽甲烷重整工艺制氢和热化学分解水制氢。

布鲁斯电力公司正在研究利用布鲁斯核电厂过剩电力制氢的可行性。安大略理工大学正在就核能和热化学分解工艺耦合制氢开展研究，目前已在实验室进行示范，属全球首次。

## 2. 核能制氢商业化面临的挑战

核能制氢技术目前主要面临两项挑战。

**一是技术方面。**在四种现有技术中，最为成熟的是直接利用核电进行常温电解制氢，然而由于现有大多数核电厂热电转换效率仅为约35％，因此这一技术的热能至氢能的转换率最高仅为 30％。而需要使用先进反应堆产生的高温热能的另外三种技术，热能至氢能的转换率可达 60％甚至更高。然而，蒸汽甲烷重整技术在制氢过程中仍将排放大量二氧化碳，需配备碳捕集、利用和封存设施，这会提升成本且增加工艺复杂性，因而加拿大等国将其视为过渡性的制氢技术。相比之下，核能与高温蒸汽电解和热化学分解水工艺耦合更具优势，但其技术成熟度目前相对较低。

**二是经济性方面。**核能制氢的成本也是其能否实现大规模商业利用的关键因素。根据国际原子能机构开发的氢经济评价程序，生产成本和外部投融资支持是影响核能制氢经济性的核心要素。生产成本主要受反应堆运行成本、制氢设备成本和制氢规模影响，其中先进反应堆与高温蒸汽电解和热化学分解水工艺耦合可有效降低制氢的平准化成本，同时核能制氢规模的提升将进一步降低成本，提升市场竞争力。外部投融资支持涵盖对核能制氢的贷款优惠和税费抵免，以及通过碳排放交易体系等间接提升核能制氢经济性。

### 3. 小结

全球能源转型将带来氢需求的快速持续增长。核能制氢技术不仅能够实现制氢过程的无碳排放，还将拓展核能的利用方式，提高核电厂的经济竞争力，具有广阔的发展前景。为在保障能源供应安全的同时推进能源转型、实现气候目标，全球主要核工业国家正在积极推进核能制氢技术发展。国际原子能机构 2022 年 5 月启动核能制氢部署路线图倡议，汇集决策者、技术开发商、项目管理者和运营商等多方力量，共享各国核能制氢发展战略和相关技术研发的最新进展，明确相关技术的商业化路径，并制订一份路线及指导文件，为各国提供用于评价、规划和制订核能制氢发展战略的工具，迄今已有 28 个国家和 4 个国际组织参与这项倡议。

（中核战略规划研究总院

李晨曦、伍浩松）

# 十九、美国《2022 年芯片与科学法案》大力资助能源部基础科技研发

2022 年 8 月 9 日，美国总统拜登签署《2022 年芯片与科学法案》（以下简称“法案”），提出将为能源部提供 679 亿美元支持相关工作。其中，503 亿美元用于支持科学办公室开展基础能源科学、生物和环境、高性能计算、聚变能、高能物理、核物理等相关的研究开发与设施升级，176 亿美元用于先进能源技术创新和合作相关工作。

## 1. 支持能源部开展的主要工作

### (1) 科学办公室基础科研活动

法案授权 503 亿美元支持能源部科学办公室相关工作，包括为国家实验室、大学和私营公司开展基础研究和开发活动提供资金，开展用户设施建设、运行和维护等。

**1) 基础能源科学**

法案提出，2023—2027 财年为基础能源科学创新提供 147 亿美元，主要支持开展材料科学与工程、化学、物理生物学、地球科学等方面研究，以及先进光子源、散裂中子源、高级光源、直线加速器相干光源、国家同步加速器光源等设施的升级。另外，还将开展生物化学、储能技术、核物质、碳螯合、碳地质固封等相关研究。

2）生物和环境研究

法案提出，2023—2027 财年，将提供 50 亿美元用于科学办公室开展生物系统科学、气候与环境科学的研发项目，以支持能源、环境和国家安全领域的新能源技术开发，包括基因组科学研究、生物分子表征和成像研究、低剂量辐射研究等。

3）先进科学计算研究

法案提出，2023—2027 财年，将投入约 70 亿美元用于科学办公室先进科学计算研究，包括支持针对高端计算系统和计算机科学研究的应用数学和软件开发、降低高性能计算能力偏差的研究、异构计算系统的架构研究、能源科学网络用户设施升级、量子网络基础设施建设等。

4）聚变能研究

法案提出，2023—2027 财年投入约 53 亿美元开展聚变能相关的研究，其中 20 亿美元用于支持 ITER 国际聚变项目。相关的研究开发活动包括聚变材料的研发、聚变实验概念设计和技术路线图制定、高性能计算协作研究计划、高性能计算融合创新中心建设、材料等离子体暴露实验室建设、直线加速器相干光源升级等。

5）高能物理研究

法案提出，2023—2027 财年将投入约 70 亿美元开展基本粒子物理学和相关先进技术的研发，重点支持能源部科学办公室参与大型强子对撞机等国际研究，鼓励国际社会参与中微子相关研究，开展长基线中微子设施、加速器升级、宇宙微波设施设备建设。

6）核物理项目

法案提出，2023—2027 财年将投入 53 亿美元用于科学办公室核物理项目和电子-离子对撞机建设。

**7）其他**

法案还规定，2023—2027 财年，为国家实验室基础设施建设和维护提供 27.5 亿美元；为粒子加速器科学和技术研究提供 1 亿美元；为同位素研发和生产工作提供 9 亿美元；为高强度激光研究计划提供 7.5 亿美元；为新兴生物威胁防范研究提供 2.5 亿美元；为中型仪器和研究设备提供 7.5 亿美元。另外，还将投入 2 亿美元加强与教师和科学家的合作，投入 4.75 亿美元建立激励竞争研究计划（EPSCoR）。

### （2）能源安全与创新伙伴关系

2023—2027 财年，法案授权 176 亿美元用于加强能源安全与创新伙伴关系建设。包括支持能源效率和可再生能源办公室、核能办公室、先进能源研究计划署（ARPA-E）等开展先进建筑、交通、制造技术，工业减排技术，先进材料技术和可再生能源技术相关的研究；开展先进裂变技术研究，支持先进核反应堆研发部署以及核能在供热、制氢、工业等领域的非电力应用研究。另外，还将支持国家清洁能源技术转让计划，实施小企业创新计划，开展微电子学的研究、开发、演示和商业应用计划，开展大学核基础设施建设和低排放钢制造技术研发等工作。

## 2. 影响分析

该法案出台的根本动因是加强国家基础科研，其中对能源部的拨款是为能源技术和国防技术的创新奠定基础。法案的实施主要有以下四个方面的影响：

### （1）拓宽和加强能源部的基础科研和原始创新能力

基础研究是科技创新的源头。核基础科研是核科技创新的重要推动力量，是国家科技水平和综合国力的重要标志，也是形成国际科技优势的关键所在。法案提出未来五年为能源部提供 679 亿美元资金开展基础科研和原始创新工作，对提升美国在能源和国防领域的原始创新能力，保持高科技领域的全球领先地位，支持其战略核力量发展具有重要作用。能源部科技创新的主体是核科学技术创新，包括核物理、核聚变、高能物理、放射化学、先进加速器、高级光源等技术研究，这些将成为先进能源、材料科学、生物技术、环境科学、芯片技术等原始创新策源地。

### (2) 提升核武器技术可持续发展的基础能力

为确保禁核试条件下核武器的安全、可靠和有效，能源部利用超级计算机、国家点火装置等大型科学设施持续研发不依赖核试验的先进技术。在“核武器库存管理计划”（SSMP）提出的支持核武器库存管理的30项核心能力中，包括数值模拟、高性能计算、核物理与放射化学、高能物理、激光脉冲与加速器技术、环境效应分析与测试、化学、材料科学与工程、信息技术与网络安全等。

虽然本法案支持的相关研究不直接应用于核武器的研制，但法案支持开展的先进计算、聚变、高能物理、核物理、高强度激光研究，以及基础设施升级改造等工作，可以为核武器技术的可持续发展奠定基础。

### (3) 促进能源技术创新，确保能源安全的基础上引领全球能源行业发展

为支持拜登政府提出的到2035年实现无碳电力、2050年实现净零排放的目标，确保在先进清洁能源上的领导地位和竞争力，美国近年大幅调增能源创新预算。法案授权176亿美元加强能源安全与创新伙伴关系建设，意图在大国竞争和逆全球化态势下确保能源安全的基础上，在关键能源技术研发和部署方面处于全球领先水平，以引领全球能源行业发展。

(4) 不断拓展科学知识边界，夯实新概念武器和新型装备发展的知识和技术储备

美国持续引领军事领域的颠覆性创新，虽然该法案聚焦基础科研，但是法案授权开展先进计算、空间环境、高强激光、生物威胁、同位素等相关研究，这些研究活动不仅为科学技术和国民经济发展提供支持，而且也可为发展新概念武器和新型装备提供技术和知识储备。

### 3. 小结

美国能源部是主管美国核军工科研生产的政府部门，主要开展核武器现代化、军用核动力研制、核不扩散等工作，同时负责能源和环境等战略领域的技术创新。核基础科研是核能和国防领域原始创新的源头和重要推动力量，是先进核科学技术的重要标志，也是形成国际科技优势的关键所在。法案授权资助能源部开展相关工作，旨在通过提升基础科研和创新能力服务国家安全战略的同时促进能源技术创新，确保国防与能源技术的全球领先地位。

（中核战略规划研究总院
马荣芳、江舸帆、仇若萌）

# 二十、美国《核能供应链深度评估报告》揭示核能供应链风险

2022年2月24日，美国能源部发布了核能、太阳能等13个领域的供应链深度评估报告，其中《核能供应链深度评估报告》对美国核能供应链的几个主要环节进行了评估。评估结果显示，美国核能供应链存在关键矿产和材料对外依赖度高、小型设备造假、高丰度低浓铀和先进核燃料生产能力不足、缺少乏燃料长期综合处置方案等问题。

## 1. 美国核能供应链状况分析

核能供应链涉及铀矿开采，铀提取、转化、浓缩，核燃料制造，核电厂建设、运行、退役以及乏燃料后处理等核能产业链的多个环节，《核能供应链深度评估报告》主要评估了核电厂设备组件和核燃料循环这两大部分共八个方面的供应链状况和部分环节存在的风险。

### (1) 核电厂设备组件供应链

**关键矿产和材料。**重点关注了铬、镍、石墨、钇、$^{7}$Li等需求量较大或供应来源较少、存在供应风险的材料。

铬和镍是制造核电厂管道系统的原材料，需求量大。铬的生产在美国非常有限，75%的铬依赖进口，南非和哈萨克斯坦占全球铬产量的一半以上；美国约50%的镍依赖进口，密歇根州的鹰矿是其国内目

前唯一在运的镍矿，印尼、菲律宾和俄罗斯是世界三大镍生产国。

石墨可作为反应堆堆芯材料和慢化剂材料，供应存在风险。目前美国不生产天然石墨，完全依赖进口，其中大部分进口自中国（中国占全球石墨产量的 75%）。此外，石墨还需加工为核级石墨，美国本土的核级石墨供应商较少。

钇可用作先进反应堆的慢化剂材料，供应可能存在风险。美国的钇资源有限，完全依赖进口，而中国占全球钇产量的 99%，目前美国正在评估是否将钇用作先进反应堆的慢化剂材料。

$^{7}$Li 在压水堆用于控制一回路酸碱值，在熔盐堆用于制造冷却剂，供应可靠性不确定。目前美国核电厂每年的$^{7}$Li 需求总量约为 300 kg，$^{7}$Li 的浓缩依赖于中国和俄罗斯，未来随着全球压水堆数量的上升，$^{7}$Li 的需求会进一步增加，这可能导致供需紧张，因此美国电力研究院正在研究是否可用氢氧化钾替代氢氧化锂来控制压水堆一回路酸碱值。

**大型设备。**目前美国国内没有大型核电设备的制造设施，主要依赖韩国和日本的大型制造设施。近 40 年来美国新建的大型反应堆只有两座 AP1000 反应堆，对大型核电设备的需求较少，能源部目前正在开发的大多数先进反应堆的功率较小，所需的大型设备也较少。

**其他设备。**目前美国国内供应商具备制造小型锻件、管道及其他零部件的能力，但存在假冒伪劣零部件的问题。2022 年 2 月 9 日，美国核管会公布了针对在运核电厂中假冒伪劣零部件的特别调查结果，调查在全美四大监管区域各选择了一家核电厂进行，结果显示第三监管区（美国中北部区域）的核电厂存在使用假冒伪劣零部件的情况，第一监管区（美国东北部区域）的核电厂先前发生的两次部件故障也是由于使用了不合规零部件造成的。由于核管会只在全美四大监管区域各选择了一家核电厂进行抽查，因此假冒伪劣零部件的问题实际上可能更加严重。

### (2) 核燃料循环供应链

**铀矿开采。**美国具备开采能力，但目前其国内铀产量正处于历史最低水平，只占全球铀产量的 0.2%，所需的大部分铀主要依赖从加拿大、澳大利亚、俄罗斯、哈萨克斯坦和乌兹别克斯坦进口。面临的主要风险是一旦全球铀供应中断，美国增加产能的速度无法及时弥补缺口。

**铀转化。**霍尼韦尔公司的梅特罗波利斯铀转化厂是美国唯一的铀转化厂，该厂 2017 年停产后，美国的铀转化完全依赖于国外。目前美国正在重启梅特罗波利斯铀转化厂，计划 2023 年投产。

**铀浓缩。**低浓铀方面，美国的供应商主要有 6 家，其中只有一家在美国本土。高丰度低浓铀方面，目前美国没有高丰度低浓铀商业生产能力，唯一的高丰度低浓铀供应商是俄罗斯国家原子能公司旗下的 TENEX 公司，美国能源部正在开展示范项目，利用国内技术生产少量的高丰度低浓铀。

研究显示，2030 年前美国高丰度低浓铀的确切需求（包括国防部微堆项目、能源部先进反应堆示范计划、医用同位素及其他能源部需求）为 8～12 吨/年，潜在的商业需求到 2030 年可能会超过 100 吨/年。2030 年后，随着先进反应堆的投运，高丰度低浓铀的需求预计会大幅上升，按照 2050 年美国核电装机容量达到 2.5 亿千瓦（目前约 9 500 万千瓦）计算，届时高丰度低浓铀的需求将达到 520 吨/年，2050 年前的累计需求量为 3 450～7 175 吨。

**核燃料制造和运输。**美国的轻水堆核燃料供应商主要有 3 家：全球核燃料公司、西屋电气公司和法马通公司。在先进反应堆燃料方面，美国的商业化制造设施有限，BWXT 公司 2020 年重启了 TRISO 燃料生产线，年产能达数百千克，泰拉能源公司和 X 能源公司正在能源部资助下分别建立金属燃料和 TRISO-X 燃料的商业制造设施，熔盐堆燃料和其他先进反应堆燃料目前缺乏相应的设施进行批量生产。

在燃料运输方面，目前制造高丰度低浓铀所需的六氟化铀的运输能力有限，需扩大运输能力；熔盐堆燃料目前没有获得批准的运输装置。

**乏燃料处置。**目前美国没有乏燃料的长期综合处置方案，其国内的核电厂临时储存有86 000吨乏燃料，并且以每年2 000吨的速度增长。新墨西哥州的废物隔离中试场主要储存国防相关的核废物，在尤卡山建造处置库的方案已被终止，能源部尚未确定新的处置库选址方案。

## 2. 小结

美国拜登政府执政后高度重视供应链安全，将增强供应链韧性作为其任期内的一项政策。美国能源部此次对核能供应链各个环节进行了深入、详细的调查和评估，梳理了供应链各个环节的本土供应能力和对外依赖情况，分析了当前存在的风险。根据美国能源部的评估结果，在核电厂、设备组件和材料方面，美国的大型设备和其他小型零部件具备安全的供应渠道，主要存在关键矿产和材料对外依赖度高的问题；在核燃料循环方面，美国的轻水堆燃料和低浓铀具有重要的本土供应商，但在铀资源及其他多个环节存在生产制造能力不足的问题。

（中核战略规划研究总院

袁永龙）

# 二十一、美国快中子试验平台即将启动工程建造

2022 年 5 月 13 日，美国能源部（DOE）发布了多功能试验堆（VTR）最终环境影响评估（EIS）报告书，确定爱达荷国家实验室场址为建造多功能试验堆的首选场址，确定爱达荷国家实验室场址或萨凡纳河场址为快堆燃料制造的候选场址。最终环境影响评估报告书的发布，是多功能试验堆项目建设的一个重要里程碑，后续美国能源部将公布设施建造场址，多功能试验堆即将由概念设计阶段迈入工程设计和建造阶段，预计将在 2026 年前建成投运。

## 1. 基本情况

2018 年 9 月 28 日，美国总统特朗普签署《核能创新能力法案》（NEICA），要求能源部建设一座具有快中子谱辐照能力的研究堆，满足第四代先进反应堆系统技术、燃料与材料的研发需求。2020 年 5 月 14 日，美国能源部启动先进反应堆示范计划（ARDP），明确将多功能试验堆作为示范项目之一予以资助。

美国作为研究和建设快堆最早最多的国家，早期陆续建造的快堆包括 1946 年的 Clementine 堆、1951 年的 EBR1、1964 年的 EBR2 和费米堆、1967 年的 SEFOR 以及 1977 年的 FFTF 等，后出于对防核扩散等原因的考虑，在 1994 年关闭了最后一座在役快堆 EBR2。此后，

美国只开展快堆研发，停止快堆建设与运行，导致近30年缺乏在役快中子试验设施。

21世纪以来，快堆被视为先进反应堆发展的主流方向，是先进核能系统发展的战略制高点。快中子试验设施的建成，将打通先进燃料与材料、关键部件、仪器和传感器的创新研发障碍，将加快形成世界领先的先进反应堆和新型核动力的研发能力。因此，为重塑核能领域领导地位，抢占核能发展竞争优势，补齐快中子试验设施缺乏的短板，美国启动了多功能试验堆建设项目。

多功能试验堆是一座高通量池式钠冷快堆，采用金属燃料（铀-钚-锆），热功率为300兆瓦，中子通量不小于$4\times10^{15}$ n/cm$^2$·s。该堆有两大核心任务：一是提供高性能的快中子谱和灵活多样的辐照环境，以解决美国先进反应堆和现有商业反应堆燃料与材料开发、试验与认证的需求；二是对先进反应堆的仪表和部件进行验证。

为最大限度降低项目风险，确保项目按照进度顺利完成，多功能试验堆充分借鉴美国先前的快堆开发和建设经验，采用成熟的钠冷快堆技术和方案，由爱达荷国家实验室主导，多个国家实验室、大学参与前期设计与安全分析，工业界负责具体设计与建造，项目的预期成本约为60亿美元。

### 2. 项目进展

美国能源部用于审查和管理多功能试验堆等重大基础设施项目的正式流程分为五个节点，分别是：批准任务需求（CD-0），批准备选方案和成本范围（CD-1），批准项目方案设计（CD-2），批准启动建造（CD-3），批准启动运行（CD-4）。

该堆分别于2019年1月22日和2020年9月11日通过前两个节点，完成项目概念设计。在2022年年初，能源部与巴特尔国民公司

(BNI)、通用日立公司（GEH)、泰拉能源公司（TerraPower）签订了该堆设计-建造合同。在 2022 年 5 月，能源部发布最终环境影响评估报告书。按照项目流程，美国能源部后续将发布决策记录（RoD)，公布反应堆的建造场址和燃料制造场址，待国会审批拨款后，多功能试验堆预计将启动实际工程设计和建造。

## 3. 评估内容和方法

环境影响评估报告书针对在爱达荷国家实验室场址或者橡树岭国家实验室场址新建和运行一座多功能高通量钠冷快堆的环境影响以及在爱达荷国家实验室场址或者萨凡纳河场址为该堆生产核燃料而产生的环境影响，给出了最终的结论与建议。

环境影响评估报告书根据土地需求、水资源需求、电力需求、对地质和土壤影响、对空气质量的影响、对生态资源的影响、对文化和古生物资源的影响、对人员健康的影响、对交通的影响、噪声与振动影响、废物管理、乏燃料处理等因素，对多功能试验堆的建设和运行所产生的环境影响进行了综合评估，得出了评估结果。

## 4. 评估情况

### (1) 多功能试验堆选择钠冷快堆技术路线

根据能源部的技术路线选择分析，最终有 3 个现有设施［即爱达荷国家实验室的先进试验堆（ATR)，橡树岭国家实验室的高通量同位素反应堆（HFIR）和汉福特场址的高通量试验设施（FFTF）］和 3 个新建快堆方案（即熔盐冷却的试验快堆、铅（铅铋）冷快堆和钠冷快堆）通过了初步筛选。

对于 3 个现有设施，美国能源部的评估认为均无法满足任务需求：先进试验堆和高通量同位素反应堆主要是热谱反应堆，即便经过改造也无法完全满足任务需求；高通量试验设施的设计寿命只有 20 年，目前已关闭，将其改造成多功能试验堆在技术方面存在很大不确定性。对于 3 个新建快堆方案，能源部的评估认为熔盐冷却的试验快堆和铅冷快堆在技术方面不如钠冷快堆成熟，建造和运行经验也远不如钠冷快堆丰富。因此，能源部提出的最终方案是新建一座多功能高通量钠冷快堆。

### (2) 多功能试验堆建造首选爱达荷场址

评估认为，多功能试验堆无论是建在爱达荷国家实验室场址还是橡树岭国家实验室场址，整体环境影响都很小。相比而言，建在爱达荷国家实验室场址的环境影响更小，主要原因包括：(1) 爱达荷场址中需要长期占用的面积比较小，这是因为爱达荷场址不需要新建热室设施，而橡树岭场址则需要新建一个热室设施；(2) 爱达荷场址对生态环境的影响比较小，这是因为爱达荷场址远离生态保护区域，而橡树岭场址则毗邻湿地区域；(3) 爱达荷场址的辐射影响比较小，这是因为爱达荷场址中多功能试验堆的位置距离整个场址的边界更远，而且场址周围的人口密度更小。

因此，多功能试验堆建设首选爱达荷场址，并将建在爱达荷场址的材料与燃料区（MFC）附近。材料与燃料区的部分现有设施将进行改造以便开展辐照后检验。如燃料整备设施（FCF）将进行改造，以便去除多功能试验堆乏燃料中的含钠材料。经过燃料整备设施处理之后的乏燃料将临时贮存在一座新建的乏燃料贮存厂房内，以等待后续处置。

### (3) 多功能试验堆燃料制造厂址为爱达荷或萨凡纳河厂址

评估认为，多功能试验堆的燃料生产无论是选择爱达荷场址还是萨凡纳河场址，环境影响都很小。两个场址的现有设施经过改造和升级，均可以开展原料的制备和燃料的制造。与爱达荷场址相比，萨凡纳河场址将有部分区域受到影响，其中受影响区域的面积为 3 英亩。与萨凡纳河场址相比，爱达荷场址的燃料制造设施已经拥有专业的员工，燃料制造工作需要招聘的员工较少。另外，两个场址的潜在辐射影响都较小，而爱达荷场址由于周围人口密度更小，因此辐射影响更小。因此，多功能试验堆的燃料制造场址，虽没有首选方案，但很可能选择爱达荷场址和萨凡纳河场址的其中之一，也有可能同时采用两处场址。

## 5. 小结

多功能试验堆是美国加快先进燃料与材料开发、试验与示范，重塑美国在先进核能与核动力系统领导地位的战略核心平台。最终环境影响评估报告书的发布，意味着美国多功能试验堆将进入实际的工程设计与建造阶段，预计将在 2026 年年底之前建成投运。俄罗斯也于 2015 年 9 月启动了多功能试验快堆（MBIR）的建造，目前已进入设备安装阶段，预计将于 2026 年进行物理启动。MBIR 与 VTR 均采用成熟的钠冷快堆技术，具备可开展多种冷却剂试验工况的回路条件。

（中国原子能科学研究院
王新燕、龚　游、夏　芸、喻　宏、宋敏娜、邹益晟）

# 二十二、美、波合作开展波兰核电建设

2022 年 11 月 2 日，波兰政府正式决定该国首座核电厂将采用美国西屋公司 AP1000 第三代压水堆技术，这是美国自 2007 年向中国出口 AP1000 以来的首个出口项目，也是自 20 世纪向欧洲出口第二代压水堆技术以来的再次出口。随着与波兰核能合作取得实质性进展，美国将再次打开欧洲核能市场，促进其重建核能竞争优势和强化地缘政治目标的实现。

## 1. 俄乌冲突促使波兰抓紧建造第一座核电厂

波兰目前能源结构中化石能源占主导、严重依赖俄罗斯。2021 年煤炭发电量约占全国总发电量的 72%，天然气发电量约占 8%，其余是风电、水电等。波兰没有核电，曾于 1984 年开始建设苏联设计的两台机组，每台机组装机容量 42.7 万千瓦，但由于 1986 年切尔诺贝利核事故的影响而终止建设。虽然波兰煤炭储量丰富，位居欧洲首位，但是波兰绝大多数天然气和石油依赖进口，在进口的天然气和石油中，分别有 55%和 66%来自俄罗斯。

欧盟 2005 年提出要实现能源供应的多样化，发展零碳或低碳的清洁能源。作为欧盟的成员国，波兰政府 2009 年出台《面向 2030 年的波兰能源政策》，提出在 21 世纪 20 年代发展核电；2021 年对能源政策进行修订，出台《面向 2040 年的波兰能源政策》，提出计划 2033 年投运第一座核电厂。2022 年 2 月俄乌冲突发生后，波兰 3 月份再次对能源政策进行修订，提出要保证能源安全和独立；8 月对核电厂建设的相关投资法案进行修订，强调要缩短投资实施的时间。

### 2. 波兰 AP1000 建设标志美波核能合作取得重大成果

美波之间的核能合作可追溯到美国与欧洲 1995 年达成的《和平利用核能协定》。2019 年两国政府签署《核能合作谅解备忘录》，计划利用美国技术帮助波兰建造大型核电厂。2020 年美波达成核能合作协议，提出由美国促进波兰核能规划和行业发展，帮助波兰制定核安全、监管、许可和运行等方面的法律法规；波兰政府鼓励和促进美国参与到波首个核电项目中。2022 年 9 月，美国能源部和美国驻波兰大使馆向波兰气候与环境部提交《民用核合作概念和执行报告》，制定了利用美国技术帮助波兰建设 6 座大型反应堆的路线图，以及两国核能战略合作的框架。11 月，波兰政府正式决定该国首座核电厂将采用美国西屋公司 AP1000 第三代压水堆技术。

波兰首座核电厂是该国估值 400 亿美元核电项目的第一期，由波兰能源集团下属的核电开发公司 PEJ 公司（完全归国家所有）负责投资、建设和运营，由西屋公司提供反应堆技术。核电厂的初步选址在波兰北部波罗的海沿岸，将陆续部署 3 台 AP1000 机组，总装机容量 375 万千瓦，计划 2026 年启动建设，首台机组 2033 年投运。美国政府表示，将推动 PEJ 公司选择美国柏克德公司（Bechtel）成为该项目采购、工程和施工的承包商。

美国此次向波兰出口的是西屋 AP1000 第三代压水堆。AP1000 采用非能动技术，可提高安全性和经济性，获得美国、英国、欧洲和加拿大的设计认证。美国于 2013 年开始在国内建设 4 台 AP1000 机组，但由于建设不顺，导致拖期超概严重，其中 2 台早已停建，另外 2 台拟于 2023 年投运。在出口方面，仅于 2007 年向中国出口了 4 台机组，这些机组已全部投运；目前国际上没有在建项目或订单。

### 3. 小结

波兰当前电力供应主要依赖于煤炭等化石能源，石油、天然气对俄罗斯的依赖程度极大。俄乌冲突导致欧洲能源短缺、价格暴涨。此次波决定与美国合作，在国内建设安全清洁可靠的核电，是波摆脱对俄能源依赖、加快能源多样化进程、实现气候目标的关键举措。

美国近年来一直在积极推动核能出口，试图扭转出口困境，波兰是其重要目标国之一。此次，美国以向波兰出口为契机，旨在以波兰为“范本”，重振国际市场对美国核能技术的信心，再次打开欧洲核能市场。AP1000 是美国核电的“名片”技术，在海外大规模建设 AP1000 将极大促进美国核工业全套供应链的技术与产能发展，打造一个出口导向、获利丰厚的核电产业。

（中核战略规划研究总院
李光升、赵培源、王春芬、金　花）

# 二十三、美国研究利用燃煤电厂厂址建造核电厂为核电选址开辟新路

美国是世界上第一核电大国，在运机组 92 台，2021 年核电发电量约占总发电量的 20%，为美国提供了 50%以上的清洁电力。在净零排放目标和大国竞争背景下，美国制定了振兴和壮大核能工业的国家战略，采取多项措施，积极推动核能发展。

2022 年 9 月 13 日，美国能源部发布题为《退役燃煤电厂改建为核电厂的益处与挑战》的报告。报告由能源部核能办公室资助，由能源部下属的阿贡、爱达荷和橡树岭三大国家实验室共同完成。结论认为，大部分燃煤电厂厂址可用于建造核电厂，并且可带来经济效益和环境效益。

## 1. 报告的主要内容

### (1) 主要结论

报告对 622 个燃煤电厂厂址进行了评估，认为 50%以上可用于建造核电厂：在 349 个退役燃煤电厂中，125 个可建造先进反应堆、35 个可建造大型轻水堆；在 273 个在运燃煤电厂中，190 个可建造先进反应堆、96 个可建设大型轻水堆。其中有些厂址可同时建造两类反应堆。先进反应堆是指小型模块化反应堆和先进非轻水堆，包括钠冷快

堆、超高温气冷堆；大型轻水堆是指百万千瓦规模的反应堆。

（2）评估模型

报告将人口密度、地质条件（地震、坡度、滑坡、断层线）、水文条件（湿地和开放水域、洪水、冷却水）和其他因素（公园、自然保护区等受保护区域以及机场、军事基地、化工厂等危险设施）等作为评估指标，并对指标进行数字化和综合处理，将得到的数值与核电厂选址相关的阈值相比较，来判断该厂址是否适用。指标的选取依据美国联邦法规第10篇的《反应堆厂址标准》、美国核管会（NRC）颁布的《核电站适宜选址的通用标准》等；具体数据来源于美国地质调查局、联邦应急管理局、联邦航空管理局、美国人口调查局等官方机构及其他商业机构。

（3）经济效益

通过技术、经济评估，厂址土地和输电线路、变电站、开关站、办公楼、运输道路等部分基础设施可重复使用，降低了核电建设成本。同时，退役燃煤电厂厂址建设核电厂还可消减其退役给当地经济带来的负面影响，为地区提供就业岗位、推动地区经济发展。

（4）环境效益

报告指出，燃煤电厂用于核电厂选址可带来环境效益，大幅降低地区碳排放量，改善地区环境。对于装机容量为120万千瓦的燃煤电厂，该场址建设92.4万千瓦的核电厂后，所在地区温室气体排放量将下降86%，相当于50多万辆汽油车一年的碳排放量。同时还解决了原有煤电厂带来的粉尘、废气等污染问题，极大提高空气质量，避免了空气污染给职工和附近居民带来的健康问题，如哮喘、肺癌等疾病。

（5）面临的挑战

报告指出，原有厂址和基础设施的重复使用为核电建设带来利好，然而，这些设施可重复使用的审查也存在着挑战。核电厂运行条件（温度、压力等）与燃煤电厂不同，需对一些原有基础设施的可重复利用性进行审查。例如，原有燃煤电厂的冷凝器、涡轮机、泵、除氧器等设施，对其使用寿命、工作条件和安全性进行评估，确定是否可重复使用。

### 2. 对报告的分析

#### (1) 为核电选址、能源转型提供了新思路

核电厂址资源有限，该研究为核电选址提供了新思路，可降低核电建设的成本，缓解核电公司投资的压力。同时该选址方案还可消减燃煤电厂退役给社会和经济带来的负面影响，确保可靠、安全的清洁能源供应。

#### (2) 还需开展进一步的核安全评估

核电选址最重要的是核安全问题。尽管该研究在选址的安全方面已有评估，但考虑的核安全要素并不全面。根据国际原子能机构（IAEA）的核电选址安全导则，报告中所选取的指标和评估并不充分，如气象条件和灾害（飓风、湿度、降水以及沙尘暴等）并未涉及；涉核的一些事项，如乏燃料的贮存和运输、放射性废物的排放和转运等并未分析，核应急规划的可实施性尚未充分考虑。

### 3. 小结

美国在运 92 台核电机组，集中于东部和中部地区，约 54 台分布在内陆，其余位于沿海地区。报告评估出来的、可用于建造核电厂的燃煤电厂厂址，多分布在美国中西部、东南和西南的内陆和沿海地区。美国开展燃煤电厂用于建造核电厂的研究，表明美国正在寻求核电厂址不足的解决方案，满足核电产业发展的需要，促进净零排放目标的

实现。值得一提的是，美国将为罗马尼亚建造的核电厂正是利用了退役的燃煤电厂厂址。

（中核战略规划研究总院
李光升、金　花、王春芬）

# 二十四、俄核工业供应链在俄乌冲突中展现良好韧性

俄乌冲突爆发以来，美西方对俄罗斯在能源、金融、科技等领域开展全方位制裁，但尚未对俄核工业造成重大打击，俄本国核能项目与海外业务仍保持正常运转。俄核工业在俄乌冲突中基本未受冲击，其发展经验值得我国借鉴。

## 1. 基本情况

### (1) 美西方对俄核工业制裁手段有限

**一是**出口管制与技术封锁难以奏效。俄拥有高度自主化、本土化的核工业供应链。VVER 压水堆项目中，除小部分仪电设备需从欧洲采购外，俄境内基本可全链条完成核能设备的生产。美西方无法通过出口管制、技术封锁等制裁手段破坏俄核工业供应链。**二是**对俄进口限制短期内成本过高。俄罗斯国家原子能公司是美国能源部先进反应堆示范计划所需高丰度低浓铀的唯一供应商，其旗下负责浓缩铀与天然铀贸易的 TENEX 公司 2021 年出口分别占美国浓缩铀市场的 28%和天然铀市场的 14%。俄乌冲突以来，多国议员提议“禁止进口俄核能产品”，但迄今尚未发布任何禁令。2022 年 3 月，美国能源部表示，如禁止从俄进口铀及核燃料，美国需付出超 10 亿美元的替代成本。

#### (2) 俄本国核能项目基本不受影响

俄乌冲突以来，俄罗斯本国的核电机组建设等重要核能项目仍按计划推进。2022 年 5 月，“雅库特”号破冰船首座动力堆完成制造、“乌拉尔”号破冰船首座动力堆实现临界；6 月，库尔斯克二期核电厂 1 号机组的反应堆压力容器比原计划提前 3 周完成安装。

#### (3) 俄核工业海外出口受外部制裁影响可控

俄乌冲突爆发后，俄罗斯积极维护现有合作关系，确保海外项目正常推进。俄罗斯国家原子能公司向印度、匈牙利、孟加拉国等客户国承诺工期及设备的生产运输不会受到影响。2022 年 5 月以来，孟加拉国卢普尔 1 号机组安全壳预组装、土耳其阿库尤 4 号机组涡轮机厂房混凝土浇筑等既定任务按计划推进。目前，除芬兰单方面毁约外，印度、匈牙利等国均明确表示将继续与俄开展核能合作。

### 2. 原因分析

在冷战结束后经济困难的条件下，俄罗斯坚持核工业的自主发展与出口导向并举，建立了具有良好韧性的核工业供应链。

#### (1) 坚持关键技术的独立自主研发

**一是**重视核领域基础科研，推动关键技术创新。俄继承了苏联 20 世纪中期建立的高能物理学研究院、库尔恰托夫研究院等 20 余所核领域科研院所，在基本粒子、加速器物理、核裂变反应堆物理等基础研究领域积淀深厚。在基础科研的牵引下，俄研发了高灵敏度反应性监测系统、铬镍耐腐蚀包壳材料生产技术等核领域关键技术，发展出 VVER 压水堆、空间热离子反应堆电源等具有显著特色的先进核能技术。**二是**利用专项计划，加速重点领域攻关。2011 年，俄启动“突破”计划，整合闭式核燃料循环相关的多项研制计划，集中力量推动闭式核燃料循环的规模化、商业化应用。该计划内的铀钚氮化物燃料生产设备、BREST-OD-300 快堆、乏燃料后处理设施等核心设施正按计划建造安装。

### (2) 保障原料与设备的自主供应能力

**一是**建立核心原料与设备的本土供应链。国家原子能公司作为军民核工业的“国家公司”，自 2007 年成立以来，整合了覆盖核工业全产业链的本土化公司。铀产品、核燃料、核能设备等核心产品设备均具备自主供应能力。**二是**加强国产化能力薄弱设备的进口替代。2014 年以来，俄坚持推行“进口替代计划”，针对仪控系统、电子设备等国产化水平低、本土制造商稀缺设备，加强本土研发与生产能力。据国家原子能公司消息，列宁格勒 7 号、8 号机组计划于 2024 年、2025 年开工，项目所有设备将全部由俄国内承包商提供。

### (3) 推进重要环节的数字化转型

**一是**推进工程项目的数字化管理。2019 年以来，在“俄罗斯数字经济”国家计划的引导下，国家原子能公司利用增强现实、大数据等技术赋能核工业，开发出“Multi-D”核设施全生命周期管理系统等多款核能项目管理软件，通过对施工及安装全过程的 3D 模拟，优化资源配置，降低人因失误概率，提高运营效率。**二是**发展数字化先进制造能力。俄将 3D 打印技术视为有应用潜力的先进核级部件生产方式。国家原子能公司于 2018 年组建俄罗斯原子能增材技术公司，2020 年启动首个 3D 打印技术中心，负责核及其他工业领域 3D 打印技术的研发与应用。

### (4) 强化在全球核工业供应链中的主导地位

**一是**将核能出口上升为国家战略。2014 年，俄出台《俄联邦核工业综合体发展国家纲要》等国家战略，统筹俄核工业进出口管理，促进俄核工业走出去。2022 年，俄通过“新核能发展计划”等国家规划，制定了核燃料国际市场占有率提高至 24％等具体出口目标。**二是**抢占关键原料的全球供应领导地位。俄通过控股加拿大铀一公司（UUU）增加海外天然铀资产，世界核协会当前数据显示，国家原子能公司旗下 TVEL 燃料公司掌握全球 38％和 46％的在运铀转化与浓缩产能。俄已成为全球主要天然铀供应商及第一大浓缩铀供应商。

### 3. 小结

俄罗斯坚持关键技术的独立自主研发、保障原料与设备的自主供应能力、推进重要环节的数字化转型、强化在全球核工业供应链中的主导地位，打造了强健的核工业供应链，在一定程度上克服了俄乌冲突为俄核工业发展带来的不利影响。

（中核战略规划研究总院
魏可欣、王　树、李颖涵）

# 二十五、俄罗斯面向闭式燃料循环的新型反应堆技术发展布局

俄罗斯副总理亚历山大·诺瓦克于 2022 年 2 月宣布，俄罗斯将在 2030 年前开始建造 VVER-S 型改进型压水堆。该反应堆可以通过调节中子能谱，提升核燃料利用率。

俄罗斯近年来逐渐确立“二元核能体系”（即热堆闭合燃料循环和快堆闭合燃料循环相结合）的发展蓝图并列入核工业国家计划，目标是通过更高增殖比的新型反应堆和铀钚混合燃料的应用，提升铀资源利用效率，解决当前核电可持续性不足问题。对此，俄罗斯基于已有技术，从压水堆、钠冷快堆、铅冷快堆、熔盐堆四个方向原创性地提出新解决方案，根据现有基础布局发展路线，为未来核能发展奠定技术储备。

## 1. 压水堆发展方向

VVER 压水堆是俄罗斯目前主流核电堆型，技术和经济性上不断提升优化。最新型号 VVER-TOI 首批 2 台机组已于 2018 年和 2019 年开工建造。为提升现有大型压水堆闭合燃料循环能力和铀资源使用率，俄罗斯正在 VVER 机组推进 REMIX 铀钚混合燃料应用。REMIX 燃料钚含量最高只有 1.5%，可直接在现有核电压水堆使用，2021 年已

建成生产能力，并启动先导燃料组件入堆试验。

为更充分实现闭合燃料循环、提升铀资源利用率，俄罗斯提出近期发展方向是可调中子能谱的VVER-S反应堆，远期发展方向是具有超临界参数的VVER-SKD。

VVER-S是成熟VVER的改进，又称“超级VVER”。其不再使用硼酸调节，而是改变堆内构件设计，在堆芯内引入置换器改变堆芯水铀比，实现在燃料周期内调节中子能谱，提高增殖比，减少废物量。与VVER-TOI相比，VVER-S用于开式燃料循环，天然铀消耗量可降低30%；用于闭式燃料循环，MOX燃料使用量可从50%提高到100%。俄罗斯原子能公司2021年宣布将在科拉核电厂建造2座600兆瓦的VVER-S反应堆，计划2030年前启动建造。

VVER-SKD（或VVER-SCWR）反应堆为超临界水堆，反应堆主要特征于2019—2020年确定，主要特点是超临界蒸汽参数和可调中子能谱，热效率可达45%，将使用MOX燃料和钍燃料，增值比达到1以上，建造成本低，安全性提高。当前研发计划是在2026年前形成主要设备和辅助设备的制造技术、核燃料制造技术的方案等。俄罗斯还打算建造小功率超临界水堆作为多用途实验堆，用于VVER-SKD实验燃料元件和结构材料辐照试验等，近年已提出30兆瓦反应堆设计。

## 2. 钠冷快堆发展方向

钠冷快堆是俄罗斯技术进展最好的液态金属冷却快堆，已经过了实验堆（BR-5、BOR-60）、原型堆（BN-350、BN-600）和商用示范堆（BN-800）多个阶段，反应堆技术成熟，现阶段任务是示范闭合燃料循环。BN-800将在2022年夏季逐步过渡到全MOX燃料运行，以实现闭式燃料循环示范。

钠冷快堆下一步发展方向是批量化建造有足够经济竞争力的大型

机组 BN-1200M。俄罗斯早在 BN-800 建设时期，就确定了 1 200 兆瓦的设计目标，2014 年完成 BN-1200 的基本设计。为达到更高运行效能和经济竞争力，俄罗斯 2017 年又启动 BN-1200 改进工作，称 BN-1200M。与 BN-800 相比，BN-1200M 寿命从 45 年延长到 60 年，燃耗、严重事故概率、单位发电功率的金属用量等性能均大幅改善，可使用 MOX 燃料或铀钚混合氮化物燃料（MUPN），目前还在继续开展技术参数和经济性改进、可行性评价，以及反应堆设备试验研究与验证等，后续还将开展全尺寸堆芯临界台架实验等。2022 年 6 月，俄罗斯国家原子能公司宣布，别洛亚尔斯克核电厂 5 号机组 BN-1200M 已经列入政府批准的 2035 年前核电站建设计划。

### 3. 铅冷快堆发展方向

俄罗斯 2010 年启动“突破”项目，聚焦研发建设 BREST-OD-300 铅冷快堆以及配套闭合燃料循环设施构成的“中试示范能源综合体”。BREST-OD-300 原型铅冷快堆于 2021 年 6 月启动建造，将采用铀钚混合氮化物燃料，预计 2026 年投入运行，主要用于获得运行经验，验证铅冷快堆的安全性和经济性，给未来 BR-1200 商用堆奠定基础。

铅冷快堆的下一步发展方向是建设 BR-1200 大型铅冷快堆。BR-1200 在 2019 年形成概念设计，反应堆厂房总体尺度显著小于同等装机容量的 VVER 反应堆，从而提升经济性能，建设费用比 VVER-TOI 下降 20%，发电效率可达到 44%。俄罗斯原子能公司认为可在 2030 年前启动反应堆建造。

### 4. 熔盐堆发展方向

俄罗斯过去对熔盐堆仅开展了理论研究，鉴于其固有安全性、闭合燃料循环、焚烧长寿命锕系元素等优势，近年来将熔盐堆也纳入了核工业发展国家计划，熔盐堆发展的第一步将建造一座实验熔盐堆及其乏燃料后处理模块。

实验堆热功率不超过 10 兆瓦，以 VVER 乏燃料后处理后的四氟化钚溶解于氟化锂铍盐的混合物作为燃料。建造地点位于采矿与化学联合企业，计划 2024 年完成设计，2027 年申请建造许可证，2031 年启动建造。俄罗斯国家原子能公司 2021 年启动的工作涉及熔盐堆中子物理学软件、合金结构材料生产与实验验证等，2022 年生产出第一批氟化锂铍盐，还计划在 2027 年建成实验熔盐堆主要部件的全尺寸原型测试台架。

### 5. 小结

在发展“二元核能体系”战略下，为达到提升闭式燃料循环能力、降低天然铀需求、减少放射性废物量等目标，提升核能可持续发展能力，俄罗斯推动支持闭式燃料循环的新型核能堆型发展布局，从各种堆型路线上原创性地提出新解决方案，布局了一系列发展方向，为未来核能发展奠定技术储备。

根据已有技术发展水平的差异，新技术布局和进度设想主要包括：(1) 成熟技术优化，在成熟的 VVER-1200 压水堆基础上进行改进，发展可调中子能谱可调的 VVER-S 大型商用机组，计划 2030 年前建成。(2) 完成技术验证，发展大型商用堆，一是 BN-1200M 大型商用快堆，计划 2035 年前建成；二是 BR-1200 大型商用铅冷快堆，期望在 2030 年启动建造。(3) 对超临界水堆、熔盐堆等基础薄弱、技术尚未成熟的堆型，近期重点开展关键技术研发，准备建造实验堆，熔盐堆实验堆可能在 2030 年左右开始建造。

上述这些新型堆型技术开发将加强俄罗斯核能工业技术储备，提升其未来发展潜力与竞争力，但是新型堆型技术研发周期长、技术风险大。尤其是超临界水堆、熔盐堆技术基础薄弱，且俄罗斯经费和资源保障能力欠缺，核工业重大工程项目屡屡拖期。这些新堆型是否都能如期取得进展，尚存在较大的不确定性。

（中核战略规划研究总院

许春阳、金　花）

# 二十六、俄罗斯“突破”项目研究进展

俄罗斯 2011 年启动了“突破”项目（Proryv Project），旨在实现闭式燃料循环。目前，中试示范能源综合体（PDEC）正在西伯利亚化学联合企业的现场建造，主要设施包括 BREST-OD-300 快堆、铀钚氮化物燃料制造单元以及乏燃料后处理单元。

## 1.“突破”项目概况

项目牵头主体是“突破”联合股份公司，主要研究机构包括多列扎利电力工程研究与发展研究所（NIKIET）、博奇瓦无机材料高技术科学研究院、西伯利亚化学联合企业以及俄罗斯科学院核安全研究所（BRAE）等，分别负责快堆固有安全性、燃料组件制造、燃料后处理、核电站模拟代码等方面的研究。

闭式燃料循环可提高乏燃料的再利用率，减少核废物产生，进而有效降低核扩散风险。“突破”项目的研究成果将在中试示范能源综合体（PDEC）进行试验。目前 PDEC 正在西伯利亚化学联合企业的现场建造，主要设施包括 BREST-OD-300 快堆、铀钚氮化物燃料制造单元以及乏燃料后处理单元。

## 2. “突破”项目最新进展

### (1) BREST-OD-300 快堆

BREST-OD-300 快堆是俄罗斯研制的新一代快堆，所使用的铅冷却剂沸点高、储热能力强、活性低、不与水和空气发生反应。堆芯和铅反射层的设计可保证燃料充分增殖，同时确保瞬发超临界的过程可控，无需建造额外的安全设施，在确保核电厂固有安全性的情况下，保证了经济性。

2014 年，BREST-OD-300 快堆由多列扎利电力工程研究与发展研究所完成设计；2021 年 2 月，全球首个 BREST-OD-300 快堆试验示范机组获得建造许可；8 月，快堆在西伯利亚化学联合企业 SeVek 工厂完成底板浇筑；11 月，基础工程竣工，主要设备将于 2025 年完成安装，计划 2026 年前开始商运。下一步，俄罗斯将根据 BREST-OD-300 快堆的运行情况制定 BREST-OD-1200 快堆的研制计划。

### (2) 铀钚氮化物燃料

铀钚氮化物燃料密度高、热导率高、温度梯度小、辐照肿胀小、裂变气体释放率低、能够有效提高反应堆机组的安全性。

俄罗斯现已取得铀钚氮化物燃料及其燃料元件的技术和质量控制数据；制造出全球首个铀钚氮化物全尺寸燃料组件；开发了碳热合成氮化物粉末、球团生产以及燃料元件制造等方法。实验用燃料棒和燃料组件在别洛亚尔斯克核电站 BN-600 快堆中通过了堆内测试、辐照后检验，其有效性得到证实。

2021 年，博奇瓦无机材料高技术科学研究院开发了适用于 BREST-OD-300 快堆的铀钚氮化物燃料棒设计方法，该方法将用于燃料棒的商业生产。目前正在继续研制可进一步降低燃料烧毁率的 BREST-OD-300 快堆二代燃料棒。铀钚氮化物燃料制造单元的主要设备安装现已完成，其他设备预计于年内完成安装。

(3) 乏燃料后处理

乏燃料后处理单元可确保铀钚不分离，不产生武器级钚，有效防止核扩散。主要工艺包括首端处理、高温化学处理、湿法冶金、镅-锔分离，以及铀钚-镎-镅氧化物粉末生产等。目前，高温化学处理工艺最终技术方案选择已完成。

2022 年年初，西伯利亚化学联合企业同俄罗斯圣彼得堡原子能设计院签署乏燃料后处理单元的设计合同，该单元的建设工作计划于 2024 年开展。

(4) 核电厂运行模拟代码

“突破”项目新一代代码开发工作于 2010 年启动，截至 2019 年已开发 25 个，主要包括先进 BERKUT-U 燃料代码（用于计算热机械行为，验证不同运行模式下氧化物和氮化物燃料棒的稳定性）、CONV-3D 两相代码（用于模拟气液两相传质）、EUCLID/V2 代码（用于分析核电站在不同运行模式下的安全性），以及闭式燃料循环装置建模代码（用于评估辐射安全性，确定最佳技术参数）。

2021 年，“突破”项目科学家开发了 ROSA-N 代码，用于模拟潜在辐射风险对于公众的影响，以合理降低核电厂过高的安全裕量，提高经济性。研究人员首次使用 ROSA-N 代码模拟了西伯利亚化学联合企业的 BREST-OD-300 快堆和燃料循环厂的潜在放射性影响，结果显示在各类运行情况下，周边居民受到的辐射值均远低于限值。

## 3. 小结

俄罗斯“突破”项目的研究成果旨在实现闭式燃料循环和核材料的重复利用，从技术层面降低核扩散风险；还可确保核电厂的固有安全性，提高核电经济性。项目的成功实施将助力俄罗斯实现“2050 年核能发电占比达到45%～50%，2100年前核能发电占比70%～80%”的长期战略目标，推动俄罗斯核能产业大规模发展。

（中核战略规划研究总院
李晓洁、马荣芳、杨英杰）

# 二十七、俄罗斯钠冷快堆研发进展与下一步发展方向

俄罗斯有半个多世纪的钠冷快堆发展历史，经过多个阶段持续发展，积累运行经验 140 堆年以上（其他国家最多不超过 70 堆年），是目前世界上钠冷快堆发展最成功的国家。

俄罗斯钠冷快堆技术发展历经多个阶段，每一阶段解决当时面临的主要问题，为下一阶段打下基础，最终将实现钠冷快堆的商用化。总的来说，在早期建设 BR-5/10 实验堆，完成技术路线选择，验证钠冷快堆技术可行性后，通过 BOR-60、BN-350、BN-600 的建设运行，解决了钠冷快堆的各方面反应堆技术问题，掌握了大型钠冷快堆的设计建造和稳定运行。目前阶段，俄罗斯正在运行 BN-600 和 BN-800 两座钠冷快堆发电机组和 BOR-60 实验堆。BN-800 将首次实现混合氧化物（MOX）燃料全面应用，验证闭合燃料循环技术。下一步，BN-1200M 将在技术上和经济性上满足商业化的要求，为批量化商用打下基础。

## 1. BN-600：多年摸索，掌握可靠运行技术

BN-600 是别洛亚尔斯克核电厂 3 号机组，也是世界上第一座以商业形式运行的钠冷快堆发电机组，1981 年 12 月建成达到额定功率，

1982年商业运行。该反应堆吸取了过去几座钠冷快堆开发、建造和运行所积累的经验，和过去几个快堆设计的主要差异是一回路一体化布置以及蒸汽发生器分段模块化布置。BN-600运行的前期发生多次涉及蒸汽发生器、一回路钠设备的事故。经过多年运行和改进，在20世纪90年代以后逐渐消除了此类事故的发生，实现安全和高度稳定运行。BN-600在2014年以后每年负荷因子达到86%以上。

BN-600运行后发生过27次钠泄漏事故，最后一次发生在1994年5月，包括5次钠接收系统泄漏、5次蒸汽发生器模块隔离阀泄漏、12次二回路辅助系统泄漏、5次一回路辅助系统泄漏。其中有14次泄漏发生了钠起火，有21次泄漏的钠少于10千克。1990年12月31日事故中，蒸汽发生器模块一个管嘴出现了30毫米长的环形裂缝，钠泄漏量达到600千克。最严重的一次事故是1993年10月7日，Na-24燃烧气态产物泄漏到周围大气，被划分为1级国际核事件。

BN-600运行后还发生了12次蒸汽发生器中蒸汽/水向钠的泄漏，最后一次发生在1991年。其中6次是在运行的第一年（1980—1981年）发生的，原因是隐性加工缺陷的扩大。回路间的泄漏主要发生在主蒸汽过热器（6次）和中间蒸汽过热器（5次）模块，只有1次泄漏发生在蒸发器（1984年）。蒸汽发生器的这些泄漏是利用防护系统探测到并进行限制的，导致的装机容率利用因子的损失小得可以忽略。

### 2. BN-800：验证MOX燃料应用与闭合燃料循环

BN-800于2014年首次临界、2015年并网发电，保持稳定运行，未发生钠泄漏、蒸汽发生器泄漏等事件。BN-800在钠冷快堆科研和工程发展上的主要目的是在商用规模下实现MOX燃料应用，验证闭合燃料循环。对此，BN-800首个堆芯使用了84%的铀燃料和16%的MOX燃料，此后在换料中继续增加MOX燃料占比，2021年首次用全 MOX 燃料（160 套燃料组件）换料，2022 年 9 月全堆芯换为 MOX 燃料。BN-800 后续还将在商用规模下测试各种铀钚混合燃料，验证镎、镅、锔等核素的焚烧，支持闭合燃料循环发展。

从经济性来看，由于 BN-800 仍然是钠冷快堆实现规模化商用前的过渡机组，主要作用是实现闭合燃料循环技术的成熟化，采用了很多新技术，因此其经济性应该尚未达到商用机组要求。不过，BN-800 在设计上已经纳入了提高提升经济性的方案。BN-800 虽然功率比 BN-600 提高了 45%，但反应堆容器的尺寸与 BN-600 接近，从而把反应堆设施的比金属含量降低了 34%。此外，BN-800 仅使用 1 台涡轮发电机，BN-600 为 3 个。

### 3. BN-1200M：为批量商用化奠定基础

2022 年 6 月，俄罗斯国家原子能公司宣布，别洛亚尔斯克核电厂 5 号机组 BN-1200M 已经列入政府批准的 2035 年前核电厂建设计划。BN-1200M 目标是在全面掌握钠冷快堆技术和闭合燃料循环技术之后，进一步提高钠冷快堆发电的经济竞争力、安全性，为批量建造商用堆奠定基础。

俄罗斯早在 BN-800 建设时期，就确定了 1 200 兆瓦的设计目标，2014 年完成 BN-1200 的基本设计，包括完成反应堆装置、汽轮机装置的最终设计。这一阶段，通过采取新的技术措施，安全水平和技术经济特性都取得提升。2016 年，为核实 BN-1200 基本设计的研发工作完成。为达到更高运行效能和经济竞争力，俄罗斯 2017 年又启动 BN-1200 改进工作，称 BN-1200M，隶属于《为升级型 BN-1200 设计开展新工程方案核实的研发工作计划》。BN-1200M 将满足第四代核电标准，主要包括：避免发生需要疏散和重新安置人口的事故；将建造成本降低到热堆核电厂水平；实现闭合燃料循环；加强防扩散水平；服役寿期 60 年，批量建设后的建设周期不超过 4 年，从全寿期成本来看，成本与化石燃料发电相当。

截至 2022 年，俄罗斯已完成 BN-1200M 反应堆装置最终设计和主要研发工作。目前还在继续开展技术参数和经济性改进、可行性评价，以及反应堆设备试验研究与验证等，后续还将开展全尺寸堆芯临界台架实验、核实 60 年服役寿期、开发蒸汽发生器新型结构钢材料等。

### 4. 小结

俄罗斯一直将闭合燃料循环作为核电工业的发展目标，近年来又提出快堆和热堆以及闭合燃料循环结合的“二元核能体系”。对其中的快堆发展，俄罗斯基于现有基础，提出钠冷快堆、铅冷快堆、熔盐堆、超临界水堆等多种路线选项。其中，钠冷快堆是技术上积累最多，最成熟的路线。目前阶段，BN-800 反应堆正全面验证 MOX 燃料应用与闭合燃料循环技术，打通“二元核能体系”中快堆闭合燃料循环的技术环节。下一步的 BN-1200M 将进一步提升安全性和经济性，达到第四代核电技术指标，成本与化石燃料相当，为批量化建造奠定基础。

（中核战略规划研究总院
许春阳）

# 二十八、法国提出“复兴核电”发展政策

2022 年 2 月 10 日，法国总统马克龙在视察为核电厂制造涡轮机的贝尔福厂时公布了核电发展计划，并表示这一计划旨在保障法国电力供应的稳定性与独立性，并助力碳中和目标的实现。计划涉及三方面内容：一是建设 6 台改进型欧洲压水堆（EPR-2）机组；二是延长所有在运机组的运行寿期；三是提供能源政策、资金和技术支持。若这一计划顺利实施，法国将扭转近期核工业发展颓势，重启核电发展。

## 1. 核电发展计划的核心内容

马克龙表示，法国必须通过“复兴核电”来保障能源安全和能源转型目标的实现，因为无论从经济还是从气候角度，核电都是“最合适的选择”。核电发展计划主要涉及三方面内容。

**一是新建 6 台改进型欧洲压水堆（EPR-2）核电机组。**EPR-2 单堆装机容量为 167 万千瓦，是现有 EPR 反应堆的优化版本，在建设周期、造价、经济性和安全性等方面均有提升。预计 6 台 EPR-2 机组的总造价为 500 亿欧元，单机组造价比目前在建的弗拉芒维尔 3 号机组低 30%。6 台 EPR-2 机组将由法国电力公司（下文简称“法电”）负责建设和运营，并在未来几周内进入筹备阶段；首台机组拟于 2028 年启动建设，2035 年投运。此外，马克龙强调，法国还将就再建 8 台

EPR-2 机组开展可行性研究，目标是到 2050 年共建成约 2 500 万千瓦的核电装机容量。

**二是在保证安全性前提下延长所有在运机组运行寿期。**马克龙要求法电就将在运机组运行寿期延长至超过 50 年开展研究，并表示在确保安全性前提下，法国未来将不会关闭任何在运机组。这一表态意味着法国将修订“多年期能源计划”。为满足 2019 年《能源气候法》中规定的到 2035 年将核电份额降至 50%的目标，“多年期能源计划”要求在 2035 年前关闭 14 台 90 万千瓦核电机组，其中 2 台机组已于 2020 年关闭。

**三是为重启核电发展提供配套政策、资金和技术支持。**在**政策**方面：马克龙宣布法国将在 2022 年下半年就能源问题开展公众咨询，并于 2023 年修订“多年期能源计划”。在**资金**方面：政府将就 EPR-2 建设向法电提供数百亿欧元资助。在**技术**方面，政府采取多项措施维护以及重建法国领先世界的核电建设能力，包括支持从通用电气公司手中回购包括贝尔福厂在内的部分核电业务。贝尔福厂于 2015 年被通用电气从法国阿尔斯通公司收购，法电已于 2022 年 2 月与通用电气签署回购协议，以将包括贝尔福 Arabelle 涡轮机在内的世界领先技术“完全控制在法国手中”。此外，政府还将提供 10 亿欧元支持模块化小堆的研发（其中 5 亿欧元将用于开发 NUWARD 小堆）。

### 2. 重启核电发展的影响因素

分析认为，法国重启核电发展主要受四方面因素影响：一是从 2021 年下半年开始的欧洲能源危机使法国更加关注能源供应的安全性与独立性；二是规模庞大的核能产业体系和低成本核电是经济发展的重要助推器；三是民用核工业的发展有利于推动军事核工业发展；四是核能可以助力气候目标的实现。

### (1) 核电是能源自主权的基石

法国是世界上核电占比最高的国家，2020年核发电量比重超过70%。然而，近期多台机组因故障停堆检修对法国电力供应产生了显著影响，这使得马克龙在计划中反复强调须通过核电掌握“能源自主权”。

由于五台机组因管道“应力腐蚀”而停堆，法国2021年12月损失约10亿千瓦时核发电量。法电2022年2月还宣布将在未来三个月内关闭另外三台机组，以便针对类似问题开展预防性检查。因此，法电已将2022年预期核发电量从3 300亿～3 600亿千瓦时下调至2 950亿～3 150亿千瓦时。核发电量的下降使法国不得不高价从德国进口电力以满足冬季高电力需求，加剧了法国对能源安全性和独立性的担忧。

鉴于核电在保障电力供应方面的关键作用，法国希望重启核电发展以保障能源自主权。此外，在56台在运机组中，有31台机组在1985年前实现首次并网，到2035年这些机组的运行寿期将达到50年。因此，法国必须重启核电建设，实现以新换旧。

### (2) 核工业是经济发展的重要助推器

核工业从两方面为法国经济发展作出重要贡献。一是法国是全球为数不多的拥有技术先进、配套完整、规模庞大的核能产业体系并且实现了核电技术出口的国家。核工业是法国第三大工业部门，拥有3 000多家企业，从业人员数量达22万。除了出口核电，法国还将核知识与技术出口至世界各地，2020年法国核行业相关贸易顺差高达70亿欧元。

二是核电是维持法国电价稳定、进而提升产业竞争力、保障经济平稳运行的关键。法国电力市场分为两类，即自由电力市场和价格受管控的市场。其中价格受管控市场的份额为40%，用户包括法国70%的家庭和部分小型企业，其电力主要来自核电厂。这部分电力的价格一直保持相对稳定，自 2021 年 1 月以来，仅上调 6%，同期自由市场电价涨幅超过 250%。

### (3) 民用核工业的发展有利于推动军事核工业发展

2020 年 12 月，马克龙在视察法马通时指出，“没有民用核能，就没有军用核能；没有军用核能，就没有民用核能”。法国重要核工业机构和企业均同时为军事和民用服务，例如法国替代能源和原子能委员会（以下简称“原委会”）既承担核武器的设计、生产和试验任务，同时也主导核基础科研和核能技术研发；欧安诺公司承担军民核燃料生产；法马通公司承担军民核蒸汽发生器等设备生产。在最新发布的核电发展计划中，马克龙特别提出将拨款 5 亿欧元开发的 NUWARD 小堆也将汇集军民两方面力量：原委会将开展反应堆堆芯研究并提供新技术认证方面的专业知识；法电提供反应堆设计、建设和运营方面的经验；海军集团公司提供有关模块化及小型核设施方面的专业知识；原子能技术公司提供该公司在过去数十年中为法国设计和制造舰船核动力推进系统积累的紧凑型反应堆设计经验。

### (4) “核+可再生能源”是实现气候目标的基本战略

由于近期核电供应不足，法国不得不批准科尔德迈燃煤电厂继续运行至 2024 年，即运行至弗拉芒维尔 3 号机组投运。为在 2015 年至 2030 年间将二氧化碳排放量降低 35%，并实现 2050 年净零排放目标，法国将淘汰化石燃料，加快电气化进程。对此，马克龙表示，到 2050 年法国电力需求将增长约 60%，而可再生能源因其间歇性与技术条件的限制无法满足这一需求。因此法国计划大力开发核电这一碳排放量最低的基荷能源，将发展“核+可再生能源”作为其能源战略。

## 3. 小结

法国在其核电发展计划中明确表示，将在延长所有在运机组的运行寿期的同时建设 6 台 EPR-2 机组，这将扭转近期法国核工业的发展颓势。此外，计划中提出的配套政策、资金和技术支持彰显了法国政府重启核电建设的坚定决心。这一计划表明，核能将在法国能源安全、经济发展、国防安全和环境保护方面继续发挥关键作用。此外，法国《回声报》2021 年 11 月民调显示，法国民众对核能发展态度近期已发生重大转变，将有助于法国未来排除阻力，重启核电建设。

（中核战略规划研究总院

李晨曦、伍浩松）

# 二十九、欧洲首座 EPR 实现并网发电

芬兰奥尔基洛托 3 号机组 3 月 12 日并网发电，将于 7 月投运，成为芬兰近 40 年来建成投运的首台核电机组，同时也是欧洲投运的第一座欧洲压水堆（EPR）。这台机组 2021 年 12 月实现首次临界，由于 2022 年 1 月 14 日发生自动停堆，首次并网推迟至 3 月。投运后，该机组的发电量将占芬兰总发电量的 14％。

## 1. 除中国外的四座 EPR 建设均严重拖期超概

全球目前已经完成或正在推进 6 座 EPR 建设。中国台山核电厂的 2 座在经历了一定的拖期超概后，分别于 2018 年和 2019 年建成投运；其余 4 座分别位于芬兰、法国和英国，均面临严重拖期超概，尚未投入商业运行。

芬兰奥尔基洛托 3 号机组是全球启动建设的首座 EPR，2005 年正式启动建设，原计划 2009 年投运，但其建设进度多次滞后，导致造价不断攀升。由于该项目签署的是总价为 32 亿欧元的交钥匙合同，其严重拖期超概使承包商前法国阿海珐集团面临巨大的经济压力，是导致该集团破产重组的重要原因之一。根据法国审计法院 2020 年公布的报告，在启动建设之前，估计机组建设的总支出为 22.8 亿欧元；但截至 2018 年实际支出已达 73.4 亿欧元；预计在机组建成投运后，总支出

将达 88.4 亿欧元。

法国弗拉芒维尔 3 号机组是全球启动建设的第 2 座 EPR，2007 年正式启动建设，原计划 2013 年投运，最初的估计造价为 33 亿欧元。目前预计这座反应堆将于 2023 年第二季度装料，估计造价上升至 127 亿欧元。英国欣克利角 C 的两座 EPR 分别于 2018 年和 2019 年启动建设，已经历多次延期，目前预计将分别于 2026 年和 2027 年投运。两座反应堆的估计造价也从最初的 181 亿英镑增加至 220 亿～230 亿英镑。

### 2. 法英两国决定建设更多 EPR（含 EPR-2）

为了在保障能源供应安全的同时推进碳减排目标的实现，法国和英国均计划建设更多 EPR：法国计划建设 6 座，未来可能再建 8 座；英国计划建设 2 座。

鉴于自 2021 年下半年以来能源供应持续紧张且价格居高不下的情况，法国总统马克龙 2022 年初公布核电复兴计划，表示将从 2028 年开始陆续启动 6 座改进型欧洲压水堆（EPR-2）的建设，首座将于 2035 年投运。EPR-2 单堆装机容量为 167 万千瓦，是现有 EPR 的优化版本，在建设周期、经济性和安全性等方面均有提升。预计 6 座反应堆的总造价为 500 亿欧元。未来可能再建 8 座，目标是到 2050 年建成 2 500 万千瓦的核电装机容量。

为满足不断增长的能源需求，并实现 2050 年净零排放目标，英国正在积极推动核能发展，计划在塞兹韦尔 C 再建两座 EPR，并宣布：将为推进大型核电建设项目提供高达 17 亿英镑资金，且正在与法国电力公司就塞兹韦尔 C 项目进行积极磋商；未来将使用“监管资产基础”模式为核电建设项目融资，目的是吸引更多私营投资，降低融资费用，进而降低项目造价。由于有欣克利角 C 项目的经验可供借鉴，塞兹韦尔 C 两座 EPR 的造价估计为 180 亿英镑，低于欣克利角 C 项目。

### 3. 小结

持续能源价格上涨和近期俄乌冲突，使核能在欧盟国家迎来新发展机遇。法国已决定重启核电建设。比利时宣布之前的弃核政策缺乏远见，决定将两台机组的运行寿期延长 10 年。欧盟委员会近期批准一项补充授权法案，同意将核能纳入《欧盟可持续金融分类法》涵盖的经济活动。该法案的生效能够帮助欧盟核电项目吸引各方投资，降低融资费用，进而推动核能发展。然而，法国存在核工业人才大量流失，进而造成设计能力和工程管理能力不足，关键设备无法保障供应或问题频出等问题，导致芬兰和法国 EPR 建设项目严重拖期超概，表明法国离全面恢复核电建设能力还有一段距离。

（中核战略规划研究总院

伍浩松、李晨曦）

# 三十、印度核能三阶段发展战略实施情况

核能被印度政府视为能源发展的重要组成部分和未来不可或缺的清洁能源。基于“铀贫钍丰”的资源现实，印度政府 1958 年正式制定了三阶段核能发展战略。

印度核能发展战略的第一阶段是开发基于铀循环的加压重水反应堆（PHWR），第二阶段开发以钚（由第一阶段的重水堆提供）为燃料的快中子增殖反应堆（FBR），第三阶段开发采用钍-铀燃料循环的先进核能系统。这项战略也包括有关乏燃料后处理、废物管理和安全与环境监测方面的技术开发，最终目标是充分利用印度本国庞大的钍资源储备。《印度原子能部 2020-2021 年度报告》详细描绘了印度核能发展的技术路线，并披露了各项目的实施进展。

## 1. 第一阶段目标基本实现

印度核能发展第一阶段的主要任务是开发以天然铀作为燃料的加压重水反应堆，在发电的同时进行钚的生产。印度对加压重水堆的研究始于 20 世纪 50 年代的 CIRUS 反应堆，这座研究堆由加拿大援建，美国提供重水。20 世纪 70 年代印度进行核试验后，全球各核大国对印度的核材料与核技术进行了一定程度的封锁，印度开始独立发展重水堆技术。印度早期建设的加压重水堆的电功率多为 220 兆瓦和 540

兆瓦，之后印度开始重视单机容量的提升，2021 年投入运营的格格拉帕尔 3 号机组电功率达到 700 兆瓦。目前，印度拥有 18 个在运、3 个在建，以及若干规划中的加压重水堆，总装机容量超过 5 000 兆瓦，部分反应堆的容量因子达到国际先进水平。总的来说，印度已基本达成第一阶段的目标，实现了加压重水堆燃料循环技术和重水生产技术的自主化和工业化，之后将减少加压重水堆相关的研发投入。

### 2. 第二阶段工作仍在推进

印度核能发展第二阶段的主要任务是发展快中子增殖堆，燃烧第一阶段加压重水堆生产的钚，在产生能量的同时将燃料增殖层中的铀-238 和钍-232 转变成钚-239 和铀-233。印度的快中子增殖试验堆（FBTR）于 1985 年首次达到临界，经过两次停堆大修和不断的升级改造，额定热功率已由最初的 8 兆瓦提升到 40 兆瓦。

基于 FBTR 的数据和研究成果，印度启动了原型快中子增殖反应堆（PFBR）计划。PFBR 于 2004 年开始建设，额定电功率为 500 兆瓦，最初预计 2011 年完工，但由于技术原因出现多次推迟。PFBR 的临界被一推再推，正在进行的调试工作也一定程度上受到了新冠肺炎疫情影响。但是，接近 40 年的快堆运行经验，使印度在快堆领域积累了一定的技术基础。目前，印度开发了具有自主知识产权的钠冷快堆工程设计软件，具备自主设计快堆并开展分析评价的能力；在石墨涂层、高温合金、无缝钢管等材料领域取得了技术突破，实现了反应堆关键结构及设备的本土化制造；可自主生产碳基快堆核燃料并正在进行快堆金属陶瓷燃料的研发；由英迪拉甘地原子研究中心（IGCAR）建造的卡尔帕卡姆后处理厂已建成并投入使用，年处理能力为 100 吨，可开展钍基快堆乏燃料的后处理工作。

### 3. 第三阶段项目处于实验室探索阶段

印度核能发展第三阶段的主要任务是利用先进重水堆（AHWR）系统或其他反应堆系统，燃烧快堆产生的铀-233，最终实现钍-铀燃料循环。第三阶段的相关工作包括 KAMINI 研究堆、先进重水堆、高温堆系统、加速器驱动系统以及钍燃料循环等相关技术的开发。目前第三阶段的大部分项目仍处于实验室阶段。

#### (1) KAMINI 研究堆

KAMINI 研究堆是目前世界上唯一一座使用铀-233 作为燃料的反应堆，于 1996 年首次临界。该反应堆使用轻水冷却和慢化，与 FBTR 相邻建造，以方便使用 FBTR 产生的铀-233 作为燃料。目前，KAMINI 研究堆以 30 千瓦的最大热功率水平运行，为铀-233 的应用提供经验，同时作为中子活化研究、燃料辐照、中子射线照相和中子探测器测试的研究平台。印度目前正在对反应堆的部分驱动系统、控制系统和安全系统进行升级，以提升反应堆的安全性和维护性。

#### (2) 先进重水堆

先进重水堆是电功率 300 兆瓦的垂直压力管式反应堆，使用钍铀混合氧化物和钍钚混合氧化物燃料，可以利用快堆产生的铀-233 和钚-239。相比于传统的加压重水堆，先进重水堆可以使用沸腾的轻水进行冷却，从而降低冷却剂成本；使用自然循环的方式循环冷却剂，并设有重力驱动水池等被动安全系统，具备固有安全性；具有较低的功率密度和中子通量，使得核素转换与停堆后反应堆的重启都更加容易。印度第一座先进重水示范堆原计划 2012 年开工，但由于种种原因至今仍未启动建设工作。目前，已经完成了反应堆的设计工作和安全壳系统模拟实验装置建设，正在进行反应堆各系统的验证。

### (3) 高温堆系统与加速器驱动系统

高温堆系统是印度为实现核能制氢目标设计和开发的反应堆系统，相关计划已经启动。反应堆将以铀-233 作为燃料，堆芯设计紧凑，能够为热化学制氢和煤裂解等工业领域提供稳定的热源。目前，印度已在高温堆的铅冷系统、包覆颗粒燃料、碳基结构组件、耐高温合金等技术上取得一定进展。

加速器驱动系统（ADS）能够将钍转化为其他可裂变材料，并进行放射性废物的处理。目前，印度已在直线和回旋加速器领域实现了一定的技术积累，巴巴原子研究中心（BARC）即将开始建设高能中子源，后续工作仍处于概念构想阶段。

### (4) 钍-铀燃料循环

在设计多种反应堆的同时，印度同样关注钍-铀燃料循环中涉及的技术。在燃料循环前端技术方面，快堆产生的铀-233 通常混有铀-232 杂质，而铀-232 衰变后产生的核素具有较高放射性，因此印度正在发展激光同位素分离技术和远程燃料制造技术，目前已在包覆凝聚制粒和芯块浸渍等燃料制造领域取得了一定的进展。在后处理技术方面，钍和钍的氧化物性质不活泼，印度采用钍雷克斯流程（THOREX）分离乏燃料中的钍。目前，印度已经掌握了处理辐照过的钍氧化物的技术，并将提取的铀-233 制成燃料用于 KAMINI 反应堆或先进重水堆物理实验中。

印度为核能发展第三阶段制定了宏大的目标，包括大规模部署钍基燃料核电厂、大幅提升核电的经济性与安全性、以及实现核能非电力应用（如海水淡化和制氢）等。但是，目前第三阶段的大部分项目仍处于实验室探索阶段，距离商业应用仍有很长的距离，预计可能会在目前研发的多种技术路线中选择其中的一至两种作为最终发展方向，并制定工业化方案。

### 3. 小结

印度国内传统能源的储量相对较少，但钍资源占全世界探明储量的三分之一。为了在保持能源自主化的同时满足能源需求，印度充分考虑本国国情后制定并实施三阶段核能发展战略。

目前，印度已基本实现其核能发展战略第一阶段的技术目标，加压重水堆已成为印度国内核电的主要堆型；第二阶段快中子增殖堆相关的工作正在持续推进；第三阶段的主要技术目标钍-铀燃料循环系统相关的研发工作则仍处于实验室探索阶段。

（中核战略规划研究总院
江舸帆、马荣芳、仇若萌、杨　力）

# 三十一、印度快堆研发取得新突破

印度英迪拉·甘地原子研究中心（IGCAR）2022 年 3 月 8 日宣布，试验快中子增殖堆（FBTR，试验快堆）装入新堆芯后经过监管机构批准，热功率首次提升到设计功率 40 兆瓦。该反应堆 1985 年建成运行时功率最高限仅 8 兆瓦，多年来逐步探索扩大燃料运行边界，增加燃料组件数量，堆功率上限在 2018 年达到 32 兆瓦。此外，印度还有一座 500 兆瓦（电功率）原型快中子增殖堆（PFBR，原型快堆）已在 2014 年完成建造，调试至今尚未运行。

## 1. 试验快堆运行 30 多年技术积累不断

**在法国协助下建造试验快堆。**印度在 20 世纪 60 年代决定发展钠冷快堆，1969 年与法国原子能委员会签署建造 40 兆瓦试验快堆协议。试验快堆与法国 1967 年建成的“狂想曲”试验快堆相似，采取回路式布置，有 2 套环路和 4 台蒸汽发生器，1972 年开始土建，1985 年建成运行。

**自主发展碳化物燃料，堆功率上限不断提升。**试验快堆原设想采用法国供应的浓缩铀制造混合氧化物（MOX）燃料。但由于印度 1974 年进行核试验引起国际社会对核扩散的关切，法国取消了提供浓缩铀的计划，印度开始自主研制增殖性能和热性能更好的混合碳化物燃料。

反应堆首次启动采用了23套MK-I型燃料组件，最初的堆功率上限为8兆瓦。此后，印度通过不断开展辐照和堆后研究，通过逐步探索扩大燃料运行边界，并增加燃料组件数量，堆功率上限1993年达到10.2兆瓦，2005年达到21兆瓦，2018年达到32兆瓦。近期，反应堆装入含有极少毒物组件的新堆芯后，原子能监管委员会（AERB）批准堆功率达到40兆瓦。

**支持各类燃料和材料研发。**试验快堆多年来陆续开展了动力堆MOX燃料、加压重水堆锆-铌合金、快堆堆芯结构材料、高温气冷堆结构材料、基于溶胶-凝胶的振动填充燃料、金属燃料等辐照试验，还进行了锶-89生产技术研究。

**掌握快堆设计和部件制造能力。**通过试验快堆，印度开发了全套反应堆物理计算机代码，建立了完整的工程设计能力，实现了反应堆容器等关键部件本土化制造，具备了先进燃料测试能力。

### 2. 原型快堆建设在周折中推进

印度早在1981年就开始为原型快堆选择设计方案，20世纪80年代中期提出初步设计，1988—1994年开展研发活动，1992—2002年又修订了设计方案，2003年启动土建，2014年完成建造后，调试过程一直持续至今，反应堆尚未运行。公开信息显示，印度原型快堆项目屡次拖延的原因包括2004年印度洋海啸、2011年福岛核事故后的监管新要求、作为同类首堆而欠缺经验、燃料制造进展滞后等。印度快堆专家近期分析指出的一些具体因素包括：

**第一，设计方案变更加大了设备研制挑战。**原型快堆热功率从试验快堆的40兆瓦提升到1 250兆瓦。20世纪80年代提出池式布置、4个主泵、8个钠-钠热交换器、4套二回路（中间回路）、36个蒸发器-过热器-钠回热器模块的初步设计方案。20世纪90年代的设计评估中，特别是法国专家进行同行评审后，为了将经济成本降低到煤电以下，设计方案改为 2 个主泵、4 个中间热交换器、2 个二次泵、8 个蒸汽发生器，部件数量大幅度减少，主泵和二次泵因此容量加倍。此外，因碳化物燃料高温下易自燃且体积较大，原型快堆将使用 MOX 燃料。

方案改变后，印度研发机构又开展了大量研发和测试工作，很大一部分针对重新设计的主泵，让主泵在直径只有小幅增加的前提下容量加倍，从而保持原始的反应堆容器直径不变。研制中对叶轮气蚀进行了定量试验，主泵完成制造后，又针对测试中发现的气蚀问题进行了改造。在专门设施内对一次通过式蒸汽发生器全尺寸代表性模型进行大量测试，验证其热传输能力以及动态稳定性。其他研发还包括钠池内流速分布、热交换器内压力降和流速、核燃料分区导流、对反应堆设备进行钠试验等。

**第二，调试过程接连出现问题。**建成后首先进行的二回路调试中，遇到了电磁泵因氩气未排除而出现的故障，又发生了钠流速闪烁问题、泵故障等。一回路调试初期，主容器用氮气预热，预计升温速度为每天 10 摄氏度，一个月内就可达到 150 摄氏度以上，但因为执行中氮气进气方案变更，造成升温速度缓慢，实际预热花了将近 12 个月。此后进行主容器装钠、主容器钠净化，以及主泵、衰变热排出回路、燃料操纵机调试等，也超出了原定时间。

**第三，项目拖期，有经验人员流失殆尽。**印度在试验快堆在建成运行时，已形成了钠冷快堆设计、建造、调试的一批有经验队伍，但在 1994—2002 年进行原型快堆的设计优化中，具有试验快堆经验的资深人员绝大部分都已退休或临近退休。原型快堆建造和调试拖期严重，现在仍面临着有经验的人员大批退休的严峻局面。

### 3. 后续发展计划

印度 20 世纪 50 年代制定三步走核能发展计划，包括第一步天然铀燃料加压重水堆、第二步闭合燃料循环快堆、第三步大规模使用钍燃料。原型快堆是印度核能计划第二步的真正开端。印度政府已提出了后续2座600兆瓦商用快堆的计划。商用快堆初期将使用MOX燃料（增殖比约1.1），后期将过渡到更高增殖比的金属型燃料（增殖比1.3～1.4）。印度已启动金属型燃料的辐照工作，还提出了建造金属型燃料试验快堆的计划。

### 4. 小结

**印度钠冷快堆计划自主性非常强。**试验快堆建成后，印度扎实研究和持续积累，自主研制的混合碳化物燃料一边运行一边通过持续研究提升性能和运行边界，反应堆建成37年后终于提升到设计功率。通过试验快堆研制运行，印度掌握了全套钠冷快堆设计软件和工程设计能力，反应堆关键设备实现本土化制造，并为反应堆燃料和结构材料开展了大量辐照研究。原型快堆设计方案得到法国支持，但印度在工程开发、设备研制上仍继续走独立自主的路线。

**钠冷快堆计划存在风险和问题。**印度钠冷快堆计划已开展50余年，只建成1座试验快堆和1座原型快堆，进展十分缓慢，在经验、资源、人力方面明显不足。特别是，印度快堆专家分析指出，快堆计划一直面临有经验人员退休、人力资源短缺的威胁，给原型快堆和后续堆的建设运行都带来风险。

**印度快堆计划下一步发展方向已经明确。**在原型快堆基础上，印度将继续发展商用规模的600兆瓦乃至更大功率商用钠冷快堆。为提升闭合燃料循环效能的金属燃料也已启动研究。印度还将建造更大规模的试验快堆，接替预计2030年退役的试验快堆。

（中核战略规划研究总院

许春阳、戴　定）

# 三十二、韩国政府重启核电发展

韩国总统尹锡悦 2022 年 6 月 22 日访问位于庆尚南道昌原市的核电设备制造商斗山公司，在与核电供应链企业代表举行的座谈会上表示，政府将取消弃核政策，重启核电发展，并大力开拓国际核电市场，力争到 2030 年实现 10 台机组出口。尹锡悦于 5 月 10 日上任，是首位访问核电设备制造企业的韩国总统。

## 1. 核电发展概况

韩国现有 25 台在运核电机组，总装机容量 2 443 万千瓦，居全球第六位，仅次于美国、法国、中国、俄罗斯和日本；正在建设 3 台机组，总装机容量 402 万千瓦；2020 年核发电量占全国总发电量的近 30%。

发展核电曾在韩国能源政策中占有重要位置。根据 2015 年发布的电力长期发展规划，核电装机容量到 2029 年将增至 3 830 万千瓦。韩国是全球为数不多的核电出口国之一，2009 年获得阿联酋 4 台大型核电机组建设订单，其中 2 台已建成投运，另外 2 台也即将投运。

2017 年上任的文在寅政府决定采取弃核政策，宣布将不再新建核电机组，且在运核电机组均不能延寿，将在现有运行许可证到期后关闭。受此影响，韩国核能行业进入了急剧衰退期。根据韩国原子能产业协会公布的数据，2016—2020 年，核能行业总销售收入从 27.5 万亿韩元（约合 220 亿美元）降至 22.2 万亿韩元（约合 178 亿美元），降幅达 20%。2020 年，在 645 家核能行业零部件与装备制造企业中，242 家的订单数为零，即超过三分之一的企业手中没有订单。

### 2. 重启核能主要举措

尹锡悦 6 月 22 日的发言均围绕“取消弃核政策与打造核电强国”构想，韩政府将从四方面推动核能发展。

**首先，帮助核电供应链企业扭转近期发展颓势，恢复生机。**将为此采取三项具体措施：一是迅速重启新韩蔚核电厂 3 号和 4 号机组建设（这两台机组的建设曾被文在寅政府取消），预计这一行动 2022 年将为供应链企业带来 925 亿韩元（约合 7 400 万美元）订单，到 2025 年带来超过 1 万亿韩元（约合 8 亿美元）订单；二是政府将以中小企业基金和分包商贷款等形式提供 3 800 亿韩元（约合 3 亿美元）流动资金，支持资金周转困难的供应链企业；三是在商业银行和中小企业振兴机构（该机构是非盈利性政府机构，专门负责为中小型企业发展提供支持）的帮助下，为濒临破产的中小企业提供 1 000 亿韩元（约合 8 000 万美元）应急资金。

**其次，政府投资推进核能研发，提高竞争力，助推核能行业未来发展。**政府 2022 年将为核能研发投资 6 700 亿韩元（约合 5.4 亿美元），2023—2025 年将继续投资超过 3 万亿韩元（约合 24 亿美元）。核能研发将侧重于两个领域：一是到 2028 年为推进创新型模块化小堆技术的开发和商业化投资 3 992 亿韩元（约合 3.2 亿美元）；二是在 2022 年底完成对核工业供应链的深入分析后，根据分析结果对核心设备和材料的国产化进行重点投资。

**第三，积极开展核能国际合作，引进先进技术并进行联合技术研**

**发。**核能合作是2022年5月21日韩美两国峰会重要议题之一。两国领导人就加强战略合作引领核电产业及技术发展，合力研发和销售模块化小堆，重启韩美原子能高级别委员会等达成共识。韩外交部2022年6月16日宣布，两国正在就重启原子能高级别委员会等事宜进行磋商，有关部门已就模块化小堆等核能合作事宜启动工作层磋商。

**第四，加大力度推动核电出口，助力本国经济发展。**尹锡悦在座谈会上强调："我本人和政府高层官员将倾尽全力推销核电"。政府将组建核电出口战略推进团队，争取到2030年出口10台核电机组，为促进本国经济发展注入新动力。

### 3. 小结

文在寅政府从2017年开始推进弃核政策，导致核电发展停滞甚至出现倒退（2台机组关闭），化石燃料电厂关闭速度大幅放慢，2021年仍有65%的发电量来自化石燃料电厂。尹锡悦在参加总统竞选期间曾承诺，将推翻文在寅政府的弃核政策，重启核电建设，延长在运机组运行寿期，并使韩国成为核设备和核技术出口大国。他在2022年6月22日的表态意味着他将履行竞选承诺，韩国政府将采取有效措施，大力推动核能发展。

（中核战略规划研究总院
伍浩松）

# 核　动　力

# 三十三、美国大幅增加海军反应堆研发投入

美国能源部 2022 年公布的海军反应堆计划预算文件显示，2023 财年海军反应堆计划总经费一改往年平稳上涨的态势，将比 2022 财年增加近 4 亿美元，达到 20.8 亿美元的峰值，为近年来最大增幅。主要经费增长聚焦反应堆技术研发、研发能力建设、退役与环境补救等三方面。特别是，预算文件显示，在当前国际紧张形势日益加剧的背景下，美国正在加速推动海军反应堆技术研发，实现“竞争优势的跨代提升”，力求保持水下军事力量的绝对优势。

## 1. 美国海军反应堆计划投入正迎来近年最大幅增长

美国核潜艇战技水平世界领先，水下军事力量在安全战略中发挥重要作用。2022 年 7 月 22 日，美国海军作战部长发布了最新版《导航计划 2022》战略文件，提出依据面临的安全形势，美国海军将进一步加强一体化威慑能力、开展前沿作战、建立持久作战优势。其中，核潜艇和核动力航母将继续发挥战略威慑、海洋控制、力量投送、远海制敌等作用。

美国海军反应堆计划负责海军核动力装置从生到死的全寿期工作。能源部的海军反应堆计划拨款支持海军核动力装置研发、研发平台建设与运行维护、向在役舰艇提供运行维护支持、乏燃料管理、核动力

装置最终处置等。

美国能源部 2022 年公布的海军反应堆计划预算文件显示，2023 财年海军反应堆计划总经费将一改往年平缓增长态势，比 2022 财年增加近 4 亿美元，达到 20.8 亿美元的峰值，增幅 23.6%，为近年来最大，也是美国国家核军工管理局核武器、防扩散、海军堆三项核心任务中最大增幅。海军反应堆计划预算的主要增长，涉及核心技术研发、研发能力建设、退役与环境补救三个方面。预算报告指出，将加速技术研发，孕育“孵化颠覆性技术”“加速具有跨代前景、形成非对称作战优势的技术的研发步伐”“扩大与敌人之间的技术领先优势”。

## 2. 瞄准更高目标加快核心技术研发，发展下一代技术

海军反应堆计划预算最显著增长为核心技术研发经费，2023 财年增长约 2 亿美元。

海军反应堆技术（不包括型号研发）的核心研发经费，分列在“核反应堆技术”和“反应堆系统与部件技术”两个细目下。核反应堆技术细目主要涉及反应堆燃料与材料，经费将从 2021 财年、2022 财年的大约 1.8 亿美元，上升到 2023 财年的 2.8 亿美元。反应堆系统与部件技术细目，主要涉及各类反应堆设备与部件，经费将从 2021 财年、2022 财年的大约 2.58 亿美元，上升到 2023 财年的 3.6 亿美元和 2024 财年的 4 亿美元。由此，海军反应堆计划核心性技术研发费用将一改过去平稳增长的趋势，在近一两年内迎来 50%以上的大幅增长，意味着技术研发步伐将大幅加速。

综合预算报告与美国近期动向来看，促使研发费用的大幅上涨的有以下一些动因。第一，提高了技术发展目标，加速研发步伐。冷战结束后，美国军事能力一家独大，军用核动力技术研发也一度相对放缓。而目前国际形势又发生新的变化，新版预算报告指出，美国目前

必须加快新技术开发，“激进地”提升核推进装置性能，极大降低与缩短研制成本与周期，“扩大与敌人之间的领先优势”。第二，为研制下一代攻击型核潜艇做技术储备。美国将在 2031 财年采购首艘“弗吉尼亚”级之后的下一代攻击型核潜艇，为实现这一目标，支持新型潜艇的核动力装置的技术研发须提早启动。第三，给过去“拖欠”的研发工作“补课”。预算报告指出，过去 10 年的大量经费被用于老旧基础设施更替，挤占了持续性技术研发投入，“哥伦比亚”级核潜艇 S1B 新型核动力装置等新型号借助了许多早期技术开发成果，也就是“吃老本”，因此现在继续对研发工作的“拖欠”做出弥补。

未来几年美国加强海军反应堆技术研发主要集中在以下三个方面。

第一，提升现役装备水平。

提升在役装备的运行水平。预算报告指出，将通过开发预测性的方法、分析在役核动力部件的数据，将舰艇的计划内核动力维护工作量减少 30%，提高舰艇的作战可用性。对运行的部件和系统继续进行监测，开展必要的重新设计，消除未来可能出现的老旧问题。

支持批量在建装备的持续改进。预算报告指出，将对正在批量建造的“弗吉尼亚”级核潜艇和“福特”级核动力航母反应堆装置开发新技术，为现有舰艇嵌入更大功率密度、更快制造、更经济的部件等。

利用新技术提升数据反馈。针对海军堆乏燃料检查，采用水池水下放电加工设备进行处理，其具有固有安全特征和自动化能力，从而提高检查效率。研制“海狼”级核潜艇的 S6W 反应堆核燃料下部模块的检查设备，并将首次进行此类检查。

第二，研发下一代核动力装置技术。

新型核燃料。报告称已在 2021 财年暂停更长寿期燃料元件的开发工作，启动了新燃料概念的开发工作以及下一代反应堆燃料系统的综合工作计划，包括启动供应商和实验室的筛选工作。新型核燃料将提升核安全、隐蔽能力、战术能力、反应堆装置能力与性能。

下一代仪控技术。将开发并应用先进仪表与控制系统，交付下一代核动力装置仪表、控制、电气设备，提升非能动冷却、强化网络安全特征、更强的计算能力等，提升仪控性能，降低采购成本和寿期费用，提升舰船执行任务的能力与安全性，扩大技术领先优势。

新型传感器。将研究、开发、试验新型传感器技术，提高传感元件密度，例如每一个仪表可装有更多传感元件，提高准确性，强化控制系统，提升核动力装置响应能力，提高核动力装置运行可靠性。

提升功率密度的新型设备。研制新型热交换器，提升功率密度，提升装置能力，降低成本，降低尺寸重量影响。开发先进动力转换设备等，提升舰载动力密度与效率，实现能力更强和更紧凑的系统，把电气部件机箱容量缩小 50%，从而减少对重量以及艇体尺度的影响。

先进制造能力。正在研发粉末冶金热等静压技术和增材制造技术，能快速制造特殊几何形状零件，在短时间完成关键性能验证，支持实现先进设计方案，降低成本并缩短生产时间，提高工业基础灵活性。

第三，储备前沿技术，营造技术跨代创新潜力。

预算报告提出将开发前沿技术，支持技术孵化，建立外部技术孵化机制，识别人工智能、先进机器人、能量储存等领域能给海军核动力装置竞争优势带来潜在跨代发展的新兴技术，加速具有跨代前景、形成非对称作战优势的技术的研发步伐。

### 3. 完善科研能力调整和建设，支持科研能力提升

美国海军反应堆计划近年来持续推动科研能力建设和整合，支持科研工作提升效率与能力。这一部分经费增幅也达到 1 亿多美元。近期的主要能力建设项目如下。

乏燃料操纵设施项目。海军反应堆计划一直利用位于爱达荷国家

实验室的消耗堆芯设施对海军舰艇乏燃料、辐照后样本等开展处理和检查，进行经验数据反馈，这是支持研发的一项核心能力。然而，消耗堆芯设施已经使用大约 60 年，存在老化严重、不符合最新环境标准、不能接收处理全尺寸航空母舰乏燃料运输容器等问题。对此，海军反应堆正在建立一座全新乏燃料操纵设施，代替原有的消耗堆芯设施，并增加新能力。新设施总面积约 2 万平方米，项目总经费约 23 亿美元，2023 财年将投入近 4 亿美元；2015 年完成概念设计，2018 年获得建造审批，2021 年完成最终设计，将在 2026 年第三季度完成运行审批。

贝蒂斯实验室的部件试验综合体项目。该项目将建成 3 800 平方米综合试验设施，把贝蒂斯实验室和诺尔斯实验室原有的多个老旧试验能力合并在一起，用于开展大规模热工水力试验，提升试验效率、可靠性、降低成本。该项目在 2017 年完成概念设计，2019 年获得批准，2022 年启动施工，将在 2027 财年运行。

诺尔斯实验室的核燃料开发实验室。该项目正在扩建诺尔斯实验室的陶瓷开发实验室 C6 大楼，安装新设备与能力以增加支持先进燃料开发的空间，并将原先分散的 9 个区域的辐射作业合并，减少放射性材料运输。

### 4. 加快老旧设施退役和环境整治

美国海军反应堆计划已有 70 多年历史，大量停用的老旧设施，特别是一批不再使用的陆上模式堆的退役和环境整治也持续推进，核潜艇退役与乏燃料管理工作持续进行。这一部分经费综合增幅达 1.5 亿美元。

目前主要推动的是 MARF 陆上模式堆的卸料工作。该反应堆在 2019 年停止运行，目前正筹备卸出核燃料并将其置于安全良性状态下，实际工作将在2025年完成，等待未来退役。已停运模式堆中，将在未来几年内将完成S1W模式堆综合体的完全拆除，启动A1W模式堆支持设施的拆除工作以及霍顿球综合体的去污拆除等。

### 5. 小结

美国海军反应堆计划已经运行70多年，支持美国海军成为全世界最强大的一支海上力量。针对国际形势变化，海军反应堆计划显著调整了技术研发的态势，年度核心研发经费上涨将超过50%，将加速研发步伐、支持下一代技术研制、储备前沿技术能力、形成非对称优势，显示出美国迫切提升海军核动力装置技术能力水平，坚决扩大水下军事力量领先优势，应对海上新挑战的决心。

（中核战略规划研究总院
许春阳）

# 三十四、美国陆上军用可移动微堆最新进展及前景

2022 年 6 月 9 日，美国国防部战略能力办公室授予巴威公司一份价值 3 亿美元的合同，启动建造陆上军用可移动微型反应堆计划——“贝利”计划的反应堆原型装置，标志着该计划已实质性推进。

## 1. 美国军用微堆发展历史及进展

美国早在二战结束后就曾广泛探索反应堆技术的各类军事应用，1954 年启动“陆军核动力计划”研制了一批固定式和可移动式小型反应堆，后因技术和成本问题在 1977 年终止计划。

本世纪初，随着民用领域小型堆技术新一轮发展，美国国会开始考虑用核反应堆满足国内外军事基地能源需求的设想。美国国防部、能源部、核工业企业着手发展“微型反应堆”的项目与相关技术。2019 年，美国国防部宣布实施“贝利”陆上军用可移动微型反应堆计划。2020 年 3 月，美国国防部授予巴威、X-能源、西屋等三家公司合同，开展反应堆设计工作。2021 年 3 月，美国国防部宣布选择巴威和 X-能源公司继续开展设计工作。2022 年 4 月，美国国防部宣布将爱达荷国家实验室作为反应堆原型装置示范场址；6 月，美国国防部选用巴威公司设计方案并签订建造合同。根据国防部计划，可移动微堆原型装置将在 2027 年前实现示范运行。

### 2. “贝利”微堆的技术方案和测试方案设想

#### (1) 技术方案

与传统核电厂相比，可移动微堆基本技术要求是：重量尺寸满足可移动功能、战场条件下的安全安保、快速启停和快速安装拆除、减少换料次数等。

美国国防部尚未公开“贝利”反应堆具体方案。根据现有信息，反应堆将是高温气冷堆，电功率为 1 兆瓦～5 兆瓦。分析认为，高温气冷堆是几兆瓦级电功率下有望在尺寸重量方面满足可移动要求的最佳堆型之一。

为实现可移动，反应堆装置采用模块化设计，由反应堆、能量转换、控制系统和辅助系统四个部分组成。每个部分都可装入符合国际标准的康乃克斯集装箱，运行时再将几个模块连接起来。

为提升安全性并减少换料次数，反应堆采用铀-235 丰度接近 20%的高丰度低浓铀制成的三层各向同性碳包覆燃料（TRISO），相比核电站使用的丰度约 5%的核燃料，可实现更高的铀装载，同时满足防扩散政策。TRISO 燃料采用多重包容层，能在高温下更好包容裂变产物，防止核泄漏。在遭受打击发生事故的情况下，也不需要大范围人员疏散。

#### (2) 测试方案

测试方案包括启动测试、可移动示范和运行示范。首先，定于2024 年前完成原型装置的反应堆制造和燃料制造，然后将其分别运往爱达荷国家实验室场址，组装后进行为期 6 个月的启动测试。测试将在次临界状态下进行，验证堆芯性能、反应堆集成、冷却系统和控制系统。随后，反应堆系统拆解成模块，移动到运行示范设施内，再重新组装，开展为期 5 周的可移动性示范。最后，可移动微堆系统将被集成到工程测试微电网中，开展为期 2 年半的低功率到满功率运行测试，验证反应堆在正常工况、异常工况下长时间运行的能力。

### 3. 可移动微堆面临的挑战

#### （1）技术与核安全方面

美国可移动微堆研制主要将依靠已有成熟技术，但由于是首个此类反应堆，在可移动性、安全性等方面提出了全新要求，技术上仍存在多个方面的挑战，包括高温慢化剂材料、热传输与能量转换、先进结构材料制造与测试、仪表与传感器、燃料测试运行数据、气体冷却剂等诸多问题。在安全方面，军用可移动微堆必须考虑军事冲突下的使用环境，特别是前沿使用的反应堆极可能成为精确制导武器的攻击对象，造成放射性物质泄漏。

#### （2）原料与燃料供应方面

美国国会和政府近年来力推高丰度低浓铀 TRISO 燃料发展，将其作为满足多种小型核能系统的主要候选燃料方案。美国目前高丰度低浓铀原料供应方面仍有缺口，短期内将依靠能源部现有库存高浓铀稀释解决，后续将建立本土铀浓缩能力。TRISO 燃料生产方面，美国有三家公司正在研发并发展生产能力：巴威公司于 2019 年重启 TRISO 燃料生产线并扩大产能；X-能源公司成立 TRISO-X 子公司，将开发世界上第一个商业规模的 TRISO 燃料制造设施；超安核技术公司已于 2021 年生产出全陶瓷微封装燃料（下一代 TRISO 燃料）。

#### （3）监管与政治方面

首先，美国核管会审批许可严格。全新堆型设计获得美国核管会许可需要相当长的周期。爱达荷国家实验室 2018 年分析报告指出，微型反应堆的审批可能需要 10～15 年。2022 年 1 月，核管会就以“潜在事故的描述以及对安全系统和部件的分类存在重大信息缺口”拒绝了 Oklo 公司 Aurora 微堆的建造运行联合许可证申请。第二，美国军用可移动微堆涉及用陆上、空中运输的问题。在反应堆空运中，带有燃料的核反应堆一旦坠落在水中，有可能发生临界事故。1975 年，美国立法要求对空中运输放射性材料进行实际的坠毁试验，此后美国从未进行此类空运。国际原子能机构《安全运输放射性材料条例》则要求放射性材料空运采用可承受严重飞机事故的 C 类包装，目前国际上还没有可运输装有燃料的反应堆的此类包装。即便在道路上运输整个反应堆，现有技术和许可标准也不充分，尚需完善。第三，军用可移动微堆在海外运输并运行，还须与目的地国家、途径国家达成协议、取得监管许可并解决损害赔偿问题，可能带来严峻的政治外交挑战。

### 4. 应用前景

可移动微堆将丰富美国军事能源选项，支持多种应用场景的能源需求。首先，对前沿作战基地，可移动微堆将降低燃料运输补给的成本和伤亡人数、降低海外军事基地对当地电网依赖。其次，未来战争中定向能等高能量密度武器装备不断应用和发展，迫切需要安全且独立性强的能源支持，如“战略支持地区”雷达等重要装备的能源保障。再者，对偏远基地和国内基地等场合，反应堆也可取代化石燃料，提高能源安全，给灾难救援提供支持等。核能的使用还将为降低军用能源的碳排放作出贡献。

### 5. 小结

美国国防部“贝利”计划 2019 年实施以来取得显著进展，反应堆工程设计现已基本完成，2022 年年中已开始建造反应堆，最快将于 2024 年在爱达荷国家实验室启动为期 3 年左右的示范运行攻关。

“贝利”微堆将由私营公司研制，拟采用高温气冷堆设计、高丰度低浓铀 TRISO 燃料等技术，样机将在能源部现有设施示范运行。对于样机示范，仍存在技术、进度等方面挑战。对于未来军事应用，面临监管许可、战场风险管理、防扩散等尚待解决的问题。

（中核战略规划研究总院
蔡　莉、许春阳）

# 三十五、美国借力核动力开创太空任务的新疆域

目前的空间核动力技术主要以核反应堆裂变能或放射性同位素衰变能为能源，设想在轨道、深空、星体表面等太空任务中作为热源、电源或推进动力使用，可用于太阳光照微弱或不持续、太阳能电池板易受遮盖或损坏、常规能源难以满足性能指标要求等情形。美国迄今为止已应用的空间核动力装置绝大部分是放射性同位素热源和电源。它们在美国几十年来的深空探测中，支持实现了许多前所未有的科学发现，使美国深空探测领域保持了遥遥领先的地位，被视为美国太空领域的一项“核心技术”。近年来备受瞩目的新成就诸如“好奇”号和“毅力”号火星漫游车先后在 2012 年和 2021 年登陆火星，开创火星探测的新边界；“新地平线”号历经 9 年飞行在 2015 年首次到达冥王星附近；早在 1977 年发射的“旅行者”1 号和 2 号探测器完成木星、土星、天王星、海王星等天体探测后，先后在 2012 年和 2018 年离开日光层边界进入恒星际空间，继续传回科学数据。

目前，美国已确定下一个采用放射性同位素电源的任务为 2027 年发射的“蜻蜓”土卫六旋翼飞行器。除了继续将放射性同位素电源用于更多深空任务外，美国还在开发星体表面反应堆电源、空间核推进等能力更强的空间核动力技术，推动美国太空科技实现更大幅度能力提升。

## 1. 探索土星以远的外太阳系新目标

过去认为，木星以远的深空探测任务都需要采用核动力。美国深空探测历史上，装备了放射性同位素电源的“旅行者”1号和2号探测器完成木星、土星、天王星、海王星飞掠，“新地平线”号完成冥王星飞掠，“伽利略”号曾围绕木星进行多年探测，“卡西尼”号围绕土星进行多年探测，完成了大量重大发现。其中，探测器发现木卫二、土卫二、土卫六等天体具有液态海洋、水汽喷发、浓密大气等特征，环境条件与原始地球有相似性，有可能发现地外生命，被列为下一步深空探测的重点。美国深空探测的新版指南文件《行星科学与天体生物学十年调查（2023—2032）》（以下称新版《十年调查》）将天王星轨道飞行器与探测器、土卫二轨道与着陆探测器等任务列入未来十年最优先任务。

随着太阳能技术取得日益进步，木星及其卫星（距太阳约5个天文单位）的探测任务现在已经证明可以借助太阳能实现。NASA在2011年发射的“朱诺”号就是第一个借助太阳能而不是放射性同位素电源探测木星的探测器，也是美国发射的第二个木星轨道飞行器，它在2016年到达木星轨道。NASA还计划在2024年发射“木卫二快船”任务，将是一个木卫二轨道飞行器，仍将采用太阳能。

土星距太阳约10个天文单位，土星以远的任务仍需依靠核动力(最近也有研究显示，借助太阳能技术最新进展，太阳能用于土星任务也具有竞争力)。美国已确定2027年向土卫六发射的“蜻蜓”旋翼飞行器，它是一架有8个水平旋翼的无人机，利用MMRTG放射性同位素电源（110瓦）给锂电池充电，一次充电可以飞行约30分钟，飞过距离约10千米。“蜻蜓”飞行器目前处在技术开发阶段。

新版《十年调查》将天王星轨道飞行器与探测器列为最优先任务之一。近期初步分析提出，以目前的MMRTG为基础，探测器将花12年到达天王星，然后在天王星系统进行2年的探测。如果开发效率更高、寿命更长的放射性同位素电源，可加强任务能力。

另一最优先任务是土卫二轨道与着陆探测器。土卫二的冰下海洋不断向外喷出气体和颗粒物质，是探索地外生命是否存在的主要目标之一。“卡西尼”号对喷出物质的探测已经发现了水、二氧化碳、甲烷、氨、复杂有机分子以及各种盐类存在的证据。土卫二轨道与着陆探测器将先绕轨道飞行1.5年，再着陆探测2年。近期的概念设计提出“独立微型游泳传感器”（SWIM）概念，具体是携带放射性同位素电源的探测器着陆到土卫二表面后，穿透数千米厚的冰壳将几十个微型机器人释放到海洋中收集数据。

### 2. 月球地质研究和采样返回

月夜长度大约14天，给太阳能的使用带来巨大挑战，许多月球表面任务用核能可提升能力。新版《十年调查》将地球以及太阳系起源演化作为未来科学发现的重点。对月球开展研究对于研究类地行星早期演化具有重要意义，因为地球自身的早期地质证据已经随着板块运动消失，月球这类天体则保留着其早期内部结构的信息。

美国早在十多年前提出“月球地质物理学网络”概念。新版《十年调查》将其作为未来十年优先事项之一。NASA有可能将其选为2030年发射的“旗舰”级第5次任务。该任务将在月球表面建立全月球的、可长时间使用的地质仪器网络，研究月球内部构造的特性以及演化。装置将采用放射性同位素电源实现一个小型、轻质量的着陆器配置，整个任务包括巡航、着陆，以及在月球表面长期运行。

另一重点任务是“耐力”A号月球采样漫游车，可在2030年发射。其采用目前正在研制的下一代放射性同位素电源（NGRTG），将在月球表面遍历大片地域，采集大约100千克高价值样品，等待由宇航员带回月球。

### 3. 支持宇航员在星体表面的长期任务

美国2017年正式启动载人登月计划，打算再次将宇航员送上月球，并着眼未来实现载人登陆火星。该计划与历史上载人登月计划不同的是，将实现“可持续”的载人探索乃至人类在太空的长期存在。对此，持续可靠的能源供应以及利用就地资源等能力成为关键。2020年《NASA探月计划概述》报告指出，宇航员将在月球南极着陆，其营地的主要构成包括一辆（无压）月球车、一辆可住人的移动（增压）车、一个月球基础居住模块、电源系统、就地资源利用系统等。核能将在其中发挥重要作用。

首先，对月球表面电源系统，美国打算开发一个核反应堆电源（FSP）为月球营地提供支持。根据本世纪初以来的分析研究，40千瓦的电源可满足星体表面载人基地初期需要。NASA为此开发核反应堆电源已有十多年的时间。

第二，可住人的增压车可采用放射性同位素电源提供电力和热量。近期的一项月球和火星载人漫游车方案设想利用放射性同位素电源供应1千瓦以上的电力。

第三，月球资源探测无人漫游车可以采用放射性同位素电源。为支持就地资源利用，NASA计划2024年发射太阳能“易挥发物极地探索漫游车”（VIPER）在月球南极探测水冰。NASA经多年研究，在2018年确认了月球永久阴影区域内水冰的存在，2020年又宣布在太阳照射的月壤中也有水的存在。对月球上水的探测也成为了下一步重点。VIPER 将采用太阳能充电电池，但 NASA 也提出采用新开发的动态转换放射性同位素电源（DRPS）提升能力。

### 4. 运送宇航员往返火星

美国政府本世纪初就开始提出载人火星任务的打算。目前的“阿尔忒弥斯”载人登月计划也是通往火星的“中转站”。美国 NASA 早在 2012 年的一项研究结果显示，采用常规能源将宇航员送往火星的飞行时间太长，宇宙射线给宇航员造成的照射剂量将超出现有标准，核推进成为更合理的载人火星任务选择。载人火星任务可用的核推进技术包括核热推进和核电推进两类。这两种技术都从未在所需规模上实际应用过，还面临相当大的技术挑战。

近年来美国对载人火星任务规划的新动向是，打算在首次载人火星任务中，将宇航员离开地球的时间缩短到最少。由于地球和火星之间位置关系的不断变化，这样一个任务规划要求显著提升推进能量。由于从地球向太空发射的成本比过去下降、将载人登月计划中发展的月面技术将可移植到火星任务，更高性能的核推进技术应用成为可能。近期分析的两种核推进方案：一种是核热推进；另一种是核电推进与化学推进的组合推进。2021 年 NASA 开展的一项任务分析，设想了从 2030 年代初开始的 5 次核热推进任务，任务总时间由短到长，依次为 2032 年地月空间无人示范飞行、2033 年火星无人示范飞行、2037 年载人火星 30 天表面停留任务、2041 年载人火星 400 天以上长时间表面停留任务、2045 年以后实现持久停留等。

### 5. 地月空间的国防用途

美国早在 20 世纪就曾提出空间核动力在太空领域的国防用途，当时考虑的是在近地轨道用几十千瓦的反应堆电源开展广域监视、战场通信、电子干扰、履约核查等任务。不过，随着太阳能技术取得发展，目前的几十千瓦近地轨道能源需要一般都可用太阳能满足。空间核动力的国防用途设想正从近地轨道向地月空间扩展。

近年来美国国防部国防先进研究项目局（DARPA）启动“灵敏地月轨道空间运行示范火箭”（DRACO）项目发展国防用途的核热推进，并提出在2025年到2026年进行飞行样机示范。有关核热推进在用于地月空间将执行什么样的军事任务的讨论也已开始。美国智库米切尔太空研究所2022年1月发布题为《太空中的机动作战：核热推进的战略要务》研究报告对此进行阐述。该报告提出，美国卫星目前只携带少量化学推进剂，所能实施的机动动作非常有限，不能及时和频繁地躲避迫近的威胁，相当于以不变的速度、高度、方向航行的飞机，这是过去和平时代的产物，在竞争环境下很容易成为敌人的打击目标，成为被敌人利用的薄弱环节。报告提出，美国要保持太空中的优势地位，就要发展太空快速机动能力，开发一支机动性更强，防御能力更好的太空力量。对此，美国国防部2022年5月有关DRACO项目的公开文件也提出了核热火箭发动机具备追踪能力的要求，要“在地月空间内实现远距离、时间紧迫的任务”。

### 6. 小结

美国发展经验表明，空间核动力的应用，一方面是在太阳能、化学能等竞争性技术难以胜任的情况下，用于提升太空任务的能力，另一方面又是与科学前沿认知、先进太空技术与能力互相牵引进步发展的。近年来，月球、行星等科学探测前沿的发展，星体表面、地月空间等作业能力提升的要求，尤其是地外生命探索、地外资源开采利用、太空作业机动性提升、人类更远太空的持久存在等，都给下一步空间核动力技术的应用提出了方向和要求。在此背景下，美国除了现有的百瓦级放射性同位素电源仍将继续用于未来十年的深空探测任务外，更高性能的放射性同位素电源、核反应堆电源以及空间核推进的开发和应用方向，也正日益清晰。

（中核战略规划研究总院
许春阳）

# 三十六、美国智库首次将核热推进列为发展太空机动作战的“战略要务”

2022 年 1 月 14 日，美国智库米切尔太空研究所发布了题为《太空中的机动作战：核热推进的战略要务》的研究报告，其要旨是倡议美国国防部尽快发展和装备核热推进，提升天基平台的机动作战能力。

该文件是在美国国防部开展核热推进研发项目以来，美国公开领域内首次详细阐述核热推进的国防用途，值得关注。

## 1. 报告的要旨

这份报告从几个方面论述了为何美国迫切需要为天基平台发展和装备核热推进。

第一，美国庞大的太空资产发挥全球通信、PNT（定位、导航、授时）、ISR（情报、监视、侦查）、气象观测等作用，对当今高度互联的现代社会不可或缺，是美国军事和经济的“重心”，遭到破坏会造成大规模的损失。在军事领域，美国太空资产提供全球视野和态势感知，提升对地面部队的指挥控制。当前的地面军事行动没有天基系统的支持就无法实施。美国“联合全域指挥与控制”等新型交战概念，核心就是依靠太空。

第二，太空环境正从过去的和平环境过渡到竞争性环境。报告认为，中俄正在发展的多种太空能力和反太空能力，特别是太空机动作战的能力，包括空间核推进技术，意图超越美国，使美国丧失在太空中的领先优势。

第三，美国太空资产是过去和平太空环境的产物，在竞争性太空环境下将成为美国最大的“薄弱环节”。因为美国卫星只携带少量化学推进剂，所能实施的机动动作非常有限，不能及时和频繁地躲避迫近的威胁，在竞争环境下很容易成为敌人利用和打击的目标。

第四，美国要继续保持太空中的优势地位，就要发展太空中快速机动的能力。美国核热推进技术开发已有近 70 年历史，拥有足够的技术基础，是开发一支机动性更强，防御能力更好的太空力量的关键。报告提议美国政府尽快让国防部的核热推进技术研发计划进入到型号采购阶段，先于战略竞争对手及早建立能够太空机动作战的力量结构。

## 2. 相关背景

### (1) 美国国会和政府近年对核热推进支持意愿强烈

21 世纪初以来，美国核热推进技术的开发大多是在国家航空航天局（NASA）的载人火星探测背景下开展的。近年来，美国国会对核热推进不断显示出高度的支持热情，在 2019 财年以来历年的拨款法案中不断增加经费，要求加快 NASA 发展核热推进的进度。

2019—2021 年初，美国特朗普政府也先后出台多项政策，从多方面支持空间核电源与核推进发展，包括 2019 年 8 月 20 日《带有空间核系统的航天器的发射总统备忘录》、2020 年 12 月 11 日《国家太空政策总统备忘录》、2021 年 1 月 12 日《促进国防与太空探索小型模块化反应堆发展的行政令》等。

### (2) 美国国防部 2019 年启动了核热推进研发计划

虽然美国 20 世纪曾有不少将空间核电源和核推进用于太空军事任

务的设想和计划，但冷战结束以后，美国发展空间核动力主要是服务NASA的太空探索任务。在美国政界热度催生下，2019年，美国国防部的国防先进研究项目局（DARPA）着手发展核热推进，启动了“灵敏地月轨道空间运行示范火箭”（DRACO），提出在2025—2026年进行飞行样机示范，用于地月空间的军事任务。

(3) 美国近些年已在不断推动太空军事化

美国历来强调保持在太空中的领先地位，奥巴马政府时期就已有许多智库学者渲染太空军事化，提出为太空战做准备。特朗普上台后采取了频繁的动作，包括2017年重新启动国家太空委员会、2019年8月设立了太空司令部，继而在12月正式成立太空军，太空军事化的趋势已不可逆转。

### 3. 小结

美国国会和政府近几年对发展空间核热推进的政治支持和投资热情可谓有目共睹。美国本世纪以来发展核热推进原本是以NASA为主。美国国防部2019年启动DRACO项目，就很好地借助了美国政界的强大支持力度，获得资源和政策支持，在NASA以外另外建立一支发展空间核热推进的力量。美国智库米切尔太空研究所发表的这份报告也借着美国政界对空间核电源与核推进的强烈支持，从军事用途上给核热推进的发展再一次推动。这份报告填补了这一“空白”，不但认为太空核热推进具有国防价值，而且第一次将其放在了提高美国太空机动作战能力、保持美国在太空领先地位的“战略要务”的高度。

（中核战略规划研究总院
许春阳、袁永龙）

# 三十七、美国 NASA 月球表面反应堆项目进展与面临风险

美国国家航空航天局（NASA）与爱达荷国家实验室的运营合同商巴特尔能源联盟公司于 2022 年 6 月选择了三项月球表面反应堆设计的业界提案签署为期 12 个月的合同，开展第一阶段的设计工作。每一项合同价值大约 500 万美元，目标是开发初始设计，为后续项目活动提供关键信息。

## 1. 项目背景

月面反应堆电源是美国近年来推动载人太空探索、提升载人航天任务能力的一项重大举措。美国 21 世纪初以来的每一届政府都申明了发展载人登上月球、火星的远景目标，直到特朗普政府执政，启动了“阿尔忒弥斯”载人登月计划，并逐渐确定了 2024 年为登月目标的时间，载人航天计划进入大规模的实质发展阶段。

核反应堆电源具有不受太阳光照影响、能量密度高等优势。美国过去载人太空计划的规划中，一直将反应堆电源作为月球、火星等星体表面基地能源供应的主要选项。在“阿尔忒弥斯”计划背景下，NASA 在 2019 年正式确定了 2026 年运行月面反应堆电源的设想。时任总统特朗普 2020 年 12 月 16 日签署的《有关空间核电源与核推进的

国家战略总统备忘录》又将月面反应堆电源列为空间核系统的四项发展目标之一，示范运行时间调整为 2027 年。

美国在空间核动力领域，目前主要利用功率几百瓦的放射性同位素电源支持无人深空探测。在载人登月计划背景下，新的 40 千瓦月面反应堆电源项目正式启动，其将是人类向太空中发射的最大功率的核反应堆，其用途除支持宇航员生活和作业外，还将用于借助就地资源生产航天器推进剂等，将大幅提升任务能力，开创载人航天的全新局面。

## 2. 研制目标、实施方案和预期前景

根据 2021 年 11 月 NASA 和能源部发布的信息征集文件，月面反应堆电源的研制目标为，寿期末电功率 40 千瓦，在月球环境下连续运行至少 10 年，能耐受发射和着陆的结构负荷，在月球表面 1 千米远处超出本底的辐照水平在 5 雷姆/年以内，折叠后可装入直径 4 米、长 6 米的圆柱体空间内，总质量不超过 6 吨，可多次自动启动和关闭，可支持 0～100％功率范围的用户负载，单点故障最小化并在发生故障后至少提供 5 千瓦电力输出，可在着陆器上运行或移动到其他地点运行。

拟定的计划为，第一阶段将选择多家企业签署合同，设计工作为期 1 年，最终完成一套详实的设计文件包，其具备充实的工程内容，对地面样机（FSP-QU）如何完成设计、制造、测试的相关技术、进度、费用有高度可信的规划，提出地面样机试验方案，制定飞行样机（FSP-FS）的硬件开发计划，明确硬件制造所采用的核设施和材料。

第二阶段是地面样机和飞行样机研制阶段，在第一阶段完成后再次通过方案征集，选择技术优势、价格合理的最佳企业，在 2028 年 12 月以前交付一台地面样机和一台经过鉴定的飞行样机硬件。

### 3. 已取得进展

美国月面反应堆电源研制方案是，首先由政府机构专家产生参考设计，再由工业机构开展设计开发。在政府机构方面，能源部爱达荷国家实验室负责对系统设计和开发工作进行合同管理，能源部洛斯阿拉莫斯国家实验室对反应堆设计提供专业技能支持。

前期能源部开展的反应堆初步设计与评估工作，截至 2022 年年初，已针对 10 千瓦和 40 千瓦两种系统开展了设计与评估，提出的设计要求包括电源系统在月球表面可运输、质量分别为 4 吨（10 千瓦）和 6 吨（40 千瓦）、发射日期 2029 年。两种系统的主要评估结果包括：

（1）评估认为 10 千瓦系统具有可行性。电源系统和漫游车集成在一起发射，由着陆器送至月球表面。漫游车是一种加压漫游车，电源用滑轨卸载下来安装在目的地点。反应堆采用低浓铀燃料、以月壤作为部分屏蔽、有 6 个 1.7 千瓦斯特林转换器、辐射器展开面积 40 平方米，用 3 千米长线缆与用户连接，利用 Ka 波段链接与门户卫星通信。电源系统总质量 4.2 吨，和设计要求持平。

（2）评估认为，40 千瓦系统除了超出 6 吨的质量要求，仍是可行的。该方案下，反应堆电源和 6 轮加压漫游车利用 12 吨着陆器到达月球表面。反应堆有 8 个 6 千瓦斯特林转换器（组成 4 对），辐射器展开面积 133 平方米，采用带屏蔽的 Ka 波段通信链接，用 50 米线缆与控制器连接，用 1 千米线缆与用户连接，配有高压电到 120 伏特直流电转换器，总质量 10 吨。

此外，设计评估还更新了反应堆设计概念，确定了反应堆材料、尺度、质量。反应堆最大设计热功率 500 千瓦，采用高丰度低浓铀的氮化物燃料、氢化钇慢化体，利用控制鼓进行控制，热管传热。评估认为，需要重点研发的领域包括仪控和慢化体技术等。

#### 4. 后续安排

NASA 于 2022 年初发布的预算报告提出，将在 2023 财年为月球表面反应堆电源研发投入经费 3 000 万美元。NASA 和能源部于 2022 年 6 月与三个企业联盟签署合同开展 40 千瓦电源的第一阶段设计。三家企业联盟包括：（1）洛克希德马丁公司、巴威技术公司、Creare 公司组成的企业联盟；（2）西屋公司和航空喷气洛克达因公司（Aerojet Rocketdyne）组成的企业联盟；（3）IX 公司、X 能源公司、Maxar 公司、波音公司组成的企业联盟。第一阶段合同完成后，NASA 打算在 2023 财年利用第一阶段设计研究的信息，规划后续的工作方案，并向工业企业征集最终设计的提案。

NASA 和能源部还将在 2022 年继续完善反应堆电源概念设计与性能权衡，并将重新评估布雷顿能量转换技术、探讨各种传热与辐射器展开的方案等，同时继续推动一系列低成熟度的反应堆共性技术研发，包括开展慢化体与堆芯材料试验与评估、仪表与控制研发、屏蔽材料与屏蔽方案研发等。

NASA 还发布了开发斯特林能量转换装置的合同信息通告，将征集企业提案签署合同，合同期预计从 2022 财年持续到 2024 财年，技术成熟度达到 6 级。

#### 5. 小结

在载人登月计划背景下，美国组建了新的 40 千瓦月面反应堆电源项目，2022 年与工业企业签署合同启动了方案规划和工程设计，将在 2023 年进入硬件研制，计划 2029 年发射。反应堆电源将大幅提升美国太空任务能力，开创载人航天的全新局面，并为空间反应堆电源的后续发展和应用奠定基础。

美国月面反应堆电源项目也面临较大风险。核反应堆技术方面，目前反应堆仪控技术为关键技术缺口，氢化钇慢化体技术尚不成熟。试验设施方面，反应堆地面组装以及带核试验、发射准备所需的设施尚不确定是否完备。任务进度上，发射日期已经从最初提出的 2026 年推迟到 2029 年。目前，相关方面认为，2028 年完成反应堆电源运输到发射场、2029 年发射的目标仍然非常激进，特别是项目第二阶段将包括关键技术开发、地面样机开发与试验、飞行样机开发与接收测试等，合同期预计超过 5 年，时间非常紧迫。

（中核战略规划研究总院
许春阳）

# 三十八、美国利用先进试验堆加快推进钚-238 生产

放射性同位素热（电）源是深空探测装备的核心技术，而钚-238则是放射性同位素热（电）源的关键材料。近年来，美国从国家层面加快部署深空探测计划，计划在 2040 年之前实施多项搭载同位素热（电）源的空间探索任务。由于美国于 1988 年停止生产钚-238，进入 21 世纪之后库存逐渐下降，已经无法满足当前及未来空间探索任务需求，因此美国能源部于 2012 年正式启动了钚-238 生产计划，具体由橡树岭国家实验室、爱达荷国家实验和洛斯阿拉莫斯国家实验室室负责钚-238 材料及其热（电）源系统的生产。2020 年，爱达荷国家实验室开始在其先进试验堆上对橡树岭国家实验室提供的镎-237 靶件进行辐照，并在 2021 年 4 月完成了 14 个靶件的辐照。此外，从 2021 年开始，爱达荷国家实验室在先进试验堆的多个辐照位置对橡树岭国家实验室设计的一种新型靶件进行了认证，即将开始对新型靶件进行辐照。

## 1. 美国启动钚-238 生产计划以实现钚-238 稳定可靠供应

### (1) 能源部于 2012 年正式启动了钚-238 生产计划

1988 年，能源部关闭了萨凡纳河基地的 K 反应堆，正式停止了钚-238 的生产。1992 年，美国与俄罗斯签订了协议，开始从俄罗斯进口钚-238。2009 年，俄罗斯表示在新的协议达成之前将不再继续向美

国供应钚-238。由于库存已经无法满足空间任务的紧迫需求，因此美国决定恢复钚-238的自主生产能力。2012年，能源部与美国航空航天局（NASA）达成协议，正式启动了钚-238生产计划，其中NASA将提供资金支持，能源部负责管理和实施，能源部下属的橡树岭国家实验室、爱达荷国家实验室和洛斯阿拉莫斯国家实验室负责具体生产。

钚-238生产计划的基本流程是，爱达荷国家实验室提供镎-237材料，橡树岭国家实验室将镎-237材料制造成辐照靶件，然后在橡树岭国家实验室的高通量同位素反应堆（HFIR）和爱达荷国家实验室的先进试验堆（ATR）上进行辐照，辐照后的靶件在橡树岭国家实验室的放射化学工程开发中心（REDC）进行处理，以分离出钚-238并回收剩余的镎，并将分离出的钚-238制成氧化物粉末。钚-238氧化物粉末运输到洛斯阿拉莫斯国家实验室制成热源，然后运输到爱达荷国家实验室组装成放射性同位素热（电）源系统。

### (2) 已经实现百克量级的生产能力

2013年，橡树岭国家实验室生产出了少量的钚-238。2015年，橡树岭国家实验室利用第一代陶瓷靶件，首次生产出了50克钚-238，证明了美国具备生产钚-238的能力。

2016年开始，橡树岭国家实验室开始设计验证第二代陶瓷靶件（$^{237}NpO_2$芯块＋铝包壳），随后从2017年开始制造了63个该型靶件，并逐步开始在高通量同位素反应堆中进行辐照。

截至2022年初，橡树岭国家实验室已经完成了3批次靶件的处理，据估算累积生产了数百克钚-238，实现了每年数百克钚-238的产能。

### (3) 正在多措并举提升生产能力

钚-238生产计划的目标是在2026年之前实现每年平均1.5千克钚-238的产能。要实现这一目标，钚-238生产计划主要面临两大问题：一是现有靶件的钚-238 产额不高，且每年镎-237 的制靶能力无法满足每年 1.5 千克钚-238 产量所需的靶件数量要求（产量不少于 300 个）；二是高通量同位素反应堆的辐照能力不能全部用来服务钚-238 的生产，以目前的靶件设计，该反应堆每年只能生产大约 600 克钚-238。为此，钚-238 生产计划重点开展了两方面的工作：

一是加快锆合金包壳靶件的开发验证工作并提升现有靶件的生产能力。从 2016 年开始，橡树岭国家实验室开始设计一种采用锆合金包壳的辐照靶件（$^{237}NpO_2$ 芯块＋锆合金包壳），目前已经完成第一阶段试验靶件的设计和分析工作。初步分析与计算表明，这种靶件没有出现熔化等问题，另外与目前的铝包壳靶件相比，这种靶件可以将每年钚-238 的产量提高约 2 倍，同时需要制造、辐照和处理的靶件数量可以降低 5 倍。从 2019 年开始，橡树岭国家实验室开始采用一套自动化的靶件芯块生产流程，该流程可以将每周的芯块产量由 80 个提高到 275 个。

二是利用先进试验堆开展钚-238 生产。2020 年，先进试验堆开始对 14 个第二代陶瓷靶件进行辐照，并在 2021 年 4 月完成了辐照工作。此外，在第二代陶瓷靶件的设计基础上，橡树岭国家实验室从 2018 年开始专门为先进试验堆设计一种新型靶件。这种靶件可以堆叠放置在辐照位置，每个辐照位置可以装载 2 个靶件，根据估计可以将钚-238 的产量提高 40%到 50%。由于单个靶件的高度较小，因此新型靶件可以更方便地在橡树岭国家实验室的热室中进行处理。目前，该新型靶件已完成设计，并运输到爱达荷国家实验室开展认证工作。

### 2. 爱达荷国家实验室已经完成首批靶件的辐照并开始新型靶件的认证工作

#### (1) 已完成 14 个靶件辐照预计产出几十克钚-238

2021 年 4 月，先进试验堆完成了第 169A 循环周期的运行。在此循环周期内，爱达荷国家实验室完成了 14 个镎-237 靶件的辐照，其中 7 个用于先进试验堆的南部通量阱（SFT）中辐照，辐照时间为一个 60 天的循环周期；另外 7 个用于 I-7 位置辐照，辐照时间为 5 个 60 天的循环周期和 1 个 7 天的循环周期。

这些经过辐照的靶件在先进试验堆乏燃料水池中冷却 6 个月之后，已经运送到橡树岭国家实验室进行处理，以分离出钚-238。根据估计，这些靶件将可以生产出几十克钚-238。

#### (2) 在多个辐照位置对新型靶件进行了认证

从 2021 年开始，爱达荷国家实验室开始在先进试验堆的多个辐照位置对橡树岭国家实验室设计的新型靶件进行认证。

在先进试验堆的东北通量阱（NEFT），爱达荷国家实验室的研究人员完成了新型靶件的认证工作，中子、热力、结构和安全等方面的分析表明新型靶件具备插入东北通量阱的条件。在 A 区和 H 区的辐照位置，研究人员正在对新型靶件进行认证，这项工作即将完成。

### 3. 爱达荷国家实验室即将开始对新型靶件进行辐照

#### (1) 在第 171A 与 173A 循环周期开始对新型靶件进行辐照

第 171A 循环周期是一个为期 60 天的周期，预计将于 2022 年 5 月开始。在该循环周期内，新型靶件将被插入先进试验堆中进行辐照。该循环周期也是第一个对新型靶件进行辐照的周期，最高可辐照 95 个靶件，最终能够辐照的数量取决于可用靶件的数量和辐照位置认证的进展。

第 172A 循环周期是一个为期 7 天的周期。由于新型靶件尚未完成短辐照周期条件下的验证，因此该周期内新型靶件将不会被插入到反应堆进行辐照。

第 173A 循环周期是一个为期 60 天的周期，计划 2022 年 9 月底开始。在该周期内，先进试验堆最高可辐照 116 个靶件，最终能够辐照的数量取决于可用靶件的数量和辐照位置认证的进展。

(2) 在更多的辐照位置继续开展新型靶件的认证工作

根据先进试验堆的运行情况，爱达荷国家实验室的研究人员将在更多的辐照位置，对新型靶件进行认证，以进一步提高钚-238 的生产能力。这些辐照位置主要包括南区通量阱（SFT）、东区通量阱（EFT）、B 区辐照位置和 I 区辐照位置。

通过完成更多辐照位置的认证，爱达荷国家实验室期望在 2025 年前将先进试验堆的钚-238 产能提高到 0.5 千克。

## 4. 小结

美国钚-238 生产计划已经实现了每年生产百克量级钚-238 的阶段目标，正在努力实现 2026 年之前每年平均生产 1.5 千克钚-238 的目标。为进一步提高产能，钚-238 生产计划已经采取了一系列措施，重点包括加快推动先进试验堆投入生产、大力扩展制靶能力、加快设计验证锆合金包壳靶件、全面提升辐照靶件的处理能力等。为确保实现每年生产 1.5 千克的目标，钚-238 生产计划在下一阶段将重点突破以下两个瓶颈：一是尽快设计、制造出镎-237 丰度更高、性能更加稳定的锆合金包壳靶件，并完成靶件的分析认证工作，以大幅降低需要制造的靶件数量，提高钚-238 的产能；二是通过升级辐照靶件处理设施，同时采用自动化处理流程，以大幅提高处理能力。

（中国原子能科学研究院

王新燕、龚　游、宋敏娜、侯梦洁、夏　芸）

# 三十九、俄罗斯新一代破冰船反应堆的技术创新

2022 年 7 月 31 日，俄罗斯总统普京签署新版《俄罗斯联邦海军学说》顶层规划文件。新版文件将北冰洋排在六个“地缘政治方向”中的首要地位，提出北冰洋已经转变为全球军事与经济竞争区域，俄罗斯将保持在该区域的领先地位，大范围开发矿产资源等。

核动力破冰船是俄罗斯“北极战略”中极为倚重的资产。俄罗斯目前正在建造“北极”和“领袖”级两型新型破冰船，并为此研制 RITM-200 和 RITM-400 两种第四代破冰船核动力装置。目前，“北极”级服役 2 艘，下水 1 艘，在建 2 艘；“领袖”级在建 2 艘，计划 1 艘。2022 年 7 月中旬，俄罗斯第四艘“北极”级核动力破冰船“雅库特”号的第二座 RITM-200 核反应堆完成交付。7 月底，已在 2019 年下水的第三艘“北极”级破冰船“乌拉尔”号又启动新一轮海试。

## 1. RITM-200 主要技术特点

“北极”级破冰船核动力装置 RITM-200 的初步设计 2006—2007 年完成，技术设计 2008—2009 年完成。首艘破冰船 2020 年投入运行。

RITM-200 研制目标是在保持输出功率与第二代、第三代破冰船核动力装置相当的情况下，缩小尺寸重量，实现破冰船的双吃水深度。对此，RITM-200 相比前几代破冰船反应堆，首次采用了一体化布置

方案。RITM-200 有 4 台主泵和 4 台蒸汽发生器，单堆功率 175 兆瓦。一艘“北极”级破冰船装备 2 座反应堆。

RITM-200 的一体化布置结构方案是将堆芯、直管直流蒸汽发生器、堆内设备和一回路循环泵都布置在一体化压力容器内。该方案减少了承受一回路压力的大直径连接部件和设备容器的数量，同时维持了较高的可行性和维修性，具有高度的可靠性。同时，一回路的热工水力阻力大幅降低，从而实现流速提高、泵功率降低以及高水平的自然循环。该方案还有利于在加大堆芯体积的同时减小总的尺寸和重量，允许使用铁路运输。

RITM-200 核燃料为新型盒式燃料组件，金属间化合物燃料成分、42KhNM 铬镍合金包壳材料，平均富集度 46.7%。堆芯高度 1 200 毫米的堆芯能量为 4.5 太瓦·小时，服役寿命 7.5 万小时，比现有破冰船的堆芯提高一倍以上，可保证一炉料达到 10～12 年的服役寿命。反应堆还可以装入高度 1 650 毫米的堆芯，从而使低浓铀燃料的使用成为可能，在不加大反应堆尺寸的情况下仍保证能量输出。低浓铀设计可用于出口。

RITM-200 设计中另一重点考虑就是达到高度安全性。其应急冷却系统包括 2 条非能动通道和 1 条能动通道，可实现反应堆装置在初始功率水平下得到 14 小时的持续冷却。

### 2. RITM-400 主要技术特点

“领袖”级破冰船轴功率从“北极”级的 60 兆瓦增加到 120 兆瓦，实现北海航线全年通航，支持全年从亚马尔油气田向亚太地区国家出口碳氢化合物。为此，RITM-400 保持双堆方案的同时，单堆功率从 175 兆瓦大幅增加到 315 兆瓦。

RITM-400 是在 RITM-200 基础上发展而来的，在保持一体化布置基础上，采取多项措施提升堆功率。蒸汽发生器数量从4台增加到6台，蒸汽发生装置和设备的尺寸加大，各设备功率也增加。RITM-400的堆芯未采取RITM-200的新型盒式燃料组件，而是采取了传统的通道式堆芯的方案。原因是新型的盒式燃料虽然铀含量更高，但运行经验不足。传统的通道式堆芯在一回路冷却剂流速较低时具有较高的能量密度，并且有长期运行经验。上述措施使反应堆与一回路重量尺寸减小，控制保护系统驱动机构的数量减少，铁路运输成为可能。RITM-400的应急冷却系统也进行了优化，不但保留RITM-200的2条非能动冷却通道，而且有2条能动冷却通道，并增加了空气热交换器，在水箱中水耗尽后仍可继续排出热量。

### 3. 第四代破冰船核动力装置的技术创新分析

俄罗斯此前已发展了三代破冰船核动力技术。第一代OK-150压水堆核动力装置装备首艘核动力破冰船“列宁”号，1959年投入运行，验证了基本技术方案。第二代OK-900A形成了紧凑型布置的基本方案，提升设备寿命、燃料寿期、安全性，装备6艘破冰船，1975年起陆续投入运行。第三代KLT-40和KLT-40M针对1981年的新安全标准进行了适应性改造，装备3艘破冰船，1988年起陆续运行。第四代RITM-200和RITM-400核动力装置投入运行比第三代晚30多年，在技术水平和经济性上实现了明显提升，将装备5艘“北极”级和3艘“领袖”级，其主要技术创新点如下。

**第一，首次采用了一体化布置。**该方案大幅减少了一回路管道和设备，使RITIM-200在与第二代、第三代相比堆功率持平的情况下，减少了核动力装置总的尺寸重量从而降低了制造成本，并可实现铁路运输；通过一体化布置实现了高水平自然循环和主泵功率降低、流速提高，从而提高核动力设备可靠性；其方案还具有较高的维修性。

**第二，提高堆芯能量，大幅延长了运行寿命。**RITM-200 在保持堆功率与第二代、第三代核动力相当水平下，采用第三代燃料元件构成新型盒式堆芯，加大了堆芯尺度，降低了功率密度，同时提升抗腐蚀性和水化学稳定性，实现了换料周期从上一代 KLT-40 的最长 4 年大幅提升到最长 12 年。俄罗斯破冰船核动力装置第一代燃料采用不锈钢材料（026Kh16N15M3）包壳，有 SKG 和 SKGK 两种成熟的燃料元件设计。第二代燃料采用 E-110 和 E-635 锆合金包壳材料，其中，采用 E-110 合金的 14-10-3M 型燃料元件达到了最优水平的可靠性和经济性。RITM-200 首次采用了第三代核燃料元件（有报道称代号 14-15-1），其采用 42KhNM 合金包壳和金属间化合物燃料。

**第三，RITM-200 首次将 42KhNM（42CrNiMo）新型铬镍合金作为核燃料包壳。**42KhNM 合金含铬重量比 42%、钼 1.5%，其余为镍，其较传统材料显示出在反应堆辐照环境下具有突出的耐腐蚀性、力学特性、密封性、耐事故等性能优势，使反应堆换料周期大幅延长成为可能。新型合金应用前景广泛，继 RITM-200，还将用于 RITM-400 破冰船反应堆、SHELF-M 小型反应堆、浮动核电站、VVER 等燃料包壳。

**第四，不断加强安全措施。**俄罗斯第二代破冰船核动力 OK-900A 重点改进设备提升可靠性，第三代 KLT-40 具备了改进型安全壳、一回路防过压保护、事故下安全壳注水等安全特征。第四代核动力装置全面发展了能动和非能动安全特征，通过配备应急冷却系统，达到了高度安全性。RITM-200 的非能动应急冷却系统利用冷却水箱，可在应急情况下维持 14 小时持续冷却。RITM-400 的非能动应急冷却系统又增加了空气热交换器，水箱水耗尽后可继续借助空气进行余热排出，在任何功率水平下都可实现无限期持续冷却。

### 4. 小结

俄罗斯发展和应用破冰船核动力已有半个多世纪历史。近年来，随着多艘老旧核动力破冰船退役，俄罗斯正加快进度，建造新的核动力破冰船，保持并扩大北海航线的通航范围。从发展历程来看，俄罗斯破冰船核动力继承性强，创新性也很强，通过应用新技术提升核动力装置经济性和安全性。第四代 RITM-200 型核动力装置的创新性进展包括首次采用了一体化布置、采用新型燃料包壳材料等，提升了运行可靠性和经济性。在此基础上研制的 RITM-400 具备更大功率，并进一步提升了安全性。此外，俄罗斯还基于 RITM 型反应堆提出了新型浮动核电厂反应堆、陆上小型核电反应堆的设计方案和发展计划。

（中核战略规划研究总院
许春阳、蔡　莉）

# 四十、俄罗斯首次应用可大幅延长核燃料寿命的新型包壳材料

近年来俄罗斯新型核动力破冰船建设取得快速进展，前两艘“北极”级核动力破冰船分别于 2020 年 10 月、2021 年年底正式服役，首艘“领袖”级核动力破冰船也于 2020 年开始建造。“北极”级 RITM-200 和“领袖”级 RITM-400 新型核动力装置换料周期从上一代 KLT-40 的最长 4 年大幅提升到最长 12 年，显著提升了新型核动力破冰船的运行经济性，得益于新型铬镍合金 42KhNM（或称 42CrNiMo）的研制成功。

## 1. 42KhNM 在新型破冰船反应堆实现首次应用

博奇瓦无机材料高技术研究院（VNIINM）是俄罗斯破冰船反应堆燃料的主要研发机构，20 世纪 50 年代首先开发了不锈钢材料燃料包壳，逐渐形成了 SKG 和 SKGK 两种成熟的燃料元件型号。70 年代末以来开发了 E-110 和 E-635 锆合金包壳材料和多种破冰船燃料元件，采用 E-110 合金的 14-10-3M 型燃料元件达到了当时最优水平的可靠性和经济性，换料周期最长达 4 年。

铬镍合金 42KhNM 是第三代包壳材料，经过多年研发，目前已成功用于“北极”级核动力破冰船的反应堆燃料元件。采用 42KhNM 合

金的新型燃料元件 14-5/04UM 换料周期延长到最长 12 年。

### 2. 相比传统包壳材料性能优势显著

42KhNM 合金含铬重量比 42%、钼 1.5%，其余为镍。VNIINM 通过安瓿试验、抗拉试验、辐照试验和堆后研究等手段，验证其抗腐蚀性和力学属性，一些关键结果如下：

一是安瓿试验显示，在反应堆运行温度下和腐蚀性介质中，钢材料样本仅几百个小时就发生断裂，42KhNM 合金样本经受 18 万小时未发生断裂，金相学研究也未发现任何变化。在事故条件下，42KhNM 合金不和水蒸气发生反应，在 1 200 摄氏度的高温下能保持 500 s 内几乎不发生氧化。二是燃料包壳环形样本抗拉试验显示，包壳在制造过程中经受的热过程，不会降低其力学性能。三是研究堆和核电站 VVER-1000 等反应堆的辐照试验和堆后研究显示：（1）辐照下不发生腐蚀，合金表面形成厚度不足 1 微米的致密均匀氧化物保护膜；（2）辐照下短时间力学属性保持在高水平，42KhNM 合金样本在反应堆运行温度和 $7\times10^{26}\ m^{-2}$ 中子积分通量下，保持了较高塑性，伸长率达 20%，而奥氏体不锈钢在 $10^{26}\ m^{-2}$ 中子积分通量下的塑性不足 1%；（3）辐照下的长期延展性高，模拟燃料元件在 42KhNM 合金包壳变形程度达到 8%的情况下保持密闭性，奥氏体不锈钢包壳变形程度达到 1%～1.5%时就发生了破损；（4）辐照下的抗疲劳能力明显好于不锈钢材料。

此外，42KhNM 合金易于制造和焊接。俄罗斯大型核燃料生产企业 MSZ 机械制造厂已经充分掌握了制造该合金管道的技术。

### 3. 局限性及解决措施

试验发现 42KhNM 合金的不足之处是容易发生高温辐照脆化，辐照下温度超过 600 ℃时包壳的延展性降低。

VNIINM 通过研究脆化机理，提出改进方案，包括：（1）改变合金熔化方法，从开放式感应加热，改为真空感应加热，然后进行电渣重熔；（2）降低铬含量，相关企业已制造了铬含量分别为 41%和 38%的改型 42KhNM 合金锭块，VNIINM 计划对这两种改型合金样本进行辐照试验和堆后研究。

### 4. 小结

俄罗斯新型 42KhNM 铬镍合金包壳材料较传统材料显示出优越性能，可支持反应堆换料周期大幅延长，为长换料周期的新型核动力发展提供了有效保障。在 RITM-200 破冰船反应堆成功应用的基础上，俄罗斯计划进一步将新型合金用于 RITM-400 破冰船反应堆、SHELF-M 小型反应堆、浮动核电厂、VVER 等反应堆。

（中核战略规划研究总院

蔡　莉、许春阳）

# 核燃料循环

# 四十一、国际核燃料市场回暖面临新格局

随着气候变化问题日益严峻，全球加快了脱碳步伐，核电作为低碳能源开始重回国际视野。多国政策态度发生转变，重新提出扩大核能获得低碳电力。随着全球范围内的核电复兴，国际核燃料市场逐渐回暖，摆脱了自 2018 年以来的低迷情境。2022 年 2 月底，俄乌冲突发生后，欧美开始对俄能源制裁引发了欧洲能源危机，进一步加速了欧洲各国核电政策的转变。一向坚持弃核政策的德国决定推迟核电退出计划，该国最后 3 座核电厂也将延期退役。俄乌冲突也深刻地改变了国际核燃料市场供应格局。欧美国家推动多项措施以减少在核燃料供应方面对俄罗斯的依赖。这些举措放大了核燃料市场的供应紧张情绪，引发了铀转化和浓缩价格的持续上涨。

## 1. 转化市场

2011 年福岛核事故后，全球核电发展放缓，核燃料市场逐渐萎缩，铀转化市场持续面临着供大于求的状态。2017 年，美国梅特罗波利斯铀转化厂由于市场低迷被迫暂停生产，并通过多种来源的采购继续满足客户需求。受该厂停产的影响，国际铀转化市场价格开始上涨，现货价格由 5 美元/千克铀一度涨至 22 美元/千克铀，长期合同价格由 14 美元/千克铀涨至 20 美元/千克铀。2022 年，随着俄乌冲突日益严

重，欧美开始寻求替代俄罗斯的铀转化供应，其市场对铀转化供应短缺的问题愈发担忧。3月下旬，铀转化市场开始出现了长期合同签约高潮，并推高了国际铀转化市场价格。

2022年1月—12月，铀转化的现货价格在3月快速上涨60%后开始缓慢稳定上升。北美供应的现货价格从1月的16.5美元/千克铀上涨至10月的40美元/千克铀。长期合同价格在3月上涨15%后开始平稳小幅上涨。北美供应的长期合同价格从1月的19美元/千克铀上涨至10月的27.5美元/千克铀。

据估算，2022年全球铀转化需求为6.5万吨铀，包括用于反应堆的5.8万吨铀以及用于库存存储等需求的0.7万吨铀。美国和西欧市场占全球铀转化市场需求的一半以上。随着核电复兴，铀转化的需求将持续增长。

在供应方面，铀转化市场一级供应约4.5万吨铀。国外主要的铀转化一级供应商主要有加拿大卡梅科公司（Cameco）、法国欧安诺公司（Orano）、俄罗斯国家原子能公司和美国康弗登公司（Converdyn），额定产能共4.7万吨铀，预计2022年产量为3.4万吨铀，实际的产能利用率仅为72%，如表1所示。

**表1　国际主要铀转化服务供应商**

| 供应商 | 额定产能/（吨铀/年） | 2022年产量/吨铀 | 利用率/% |
| --- | --- | --- | --- |
| 卡梅科公司 | 12 500 | 10 500 | 84 |
| 欧安诺公司 | 15 000 | 11 500 | 77 |
| 俄罗斯国家原子能公司 | 12 500 | 12 000 | 96 |
| 康弗登公司 | 7 000 | 0 | 0 |
| 总计 | 47 000 | 34 000 | 72 |

铀转化市场二级供应约2.0万吨铀，主要来源为两部分：一是商

业库存（占比 43.0%），二是国家原子能公司、欧洲铀浓缩公司（Urenco，以下简称“欧铀”）两家铀浓缩生产商通过尾料再浓缩的方式进行天然铀级别的六氟化铀生产（占比 40.5%）。在铀转化二级供应市场中，美国政府库存的比重日益降低。随着俄乌冲突后分离功价格高涨，铀浓缩生产商开始提高尾料丰度，采取过料供应的形式进行生产，需要消耗更多的六氟化铀。铀转化二级供应中由铀浓缩生产商提供的部分将迅速减少，铀转化市场将更多地依赖初级生产。

欧美在寻求俄罗斯替代供应的过程中，铀转化供应商的数量和供应能力有限，是其核燃料供应链中最薄弱的环节。铀转化的需求随着核电复兴而提升，以及二级供应的减少，在一定程度上加剧了欧美铀转化供应的紧张态势。法国欧安诺公司仍在进行 Comurhex Ⅱ 项目菲利普科斯特铀转化厂的扩建，以实现满负荷生产。美国霍尼韦尔公司计划耗资至少 1 亿美元对梅特罗波利斯铀转化厂进行升级重启，预计在 2023 年恢复该厂六氟化铀的生产业务。菲利普科斯特铀转化厂的扩产和梅特罗波利斯铀转化厂的重启将大大缓解欧美市场的铀转化供应紧缺态势。

### 2. 铀浓缩市场

铀浓缩市场在全球核电发展放缓后也长期面临着产能过剩的情况。全球铀浓缩生产商放缓了产能提升计划，并采取了欠料供应以及尾料再浓缩的方式运营。俄罗斯国家原子能公司和欧铀两家公司为主的铀浓缩生产商开始对尾料进行再浓缩，生产天然铀级别的六氟化铀产品，从而进入铀转化的二级供应市场。自 2018 年价格探底后，铀浓缩市场价格开始触底反弹，缓慢回升。2022 年俄乌冲突后，欧美也开始寻求替代俄罗斯的铀浓缩供应。由于俄罗斯的铀浓缩产能占全球总产能（除中国外）的 51.7%，欧美市场对铀浓缩供应短缺的担忧引发了价格大幅上涨。为此，铀浓缩生产商开始转为过料供应方式运行，提高尾料丰度，以释放铀浓缩产能。

2022 年 1 月—12 月，铀浓缩的现货价格在 3 月上涨 36%后开始持续攀升，现货价格从 1 月的 59 美元/SWU 上涨至 10 月的 95 美元/SWU。长期合同价格在 4 月大幅上涨 71%后开始缓慢上升并趋于稳定，长期合同价格从 1 月的 65 美元/SWU 上涨至 10 月的 135 美元/SWU。

据估算，2022 年全球铀浓缩需求为 55 600 吨 SWU，包括用于反应堆的 47 100 吨 SWU 以及用于库存存储等需求的 8 500 吨 SWU。美国和西欧市场的铀浓缩需求占全球铀浓缩市场需求的近一半。

在供应方面，铀浓缩市场一级供应共约 60 200 吨 SWU。国外主要的铀浓缩一级供应商有法国欧安诺公司、俄罗斯国家原子能公司和欧洲铀浓缩公司，额定产能共 53 450 吨 SWU，如表 2 所示。其中，日本和巴西具有小规模的铀浓缩产能，主要供应其国内。美国的森图斯能源公司（Centrus）通过向法国（300 吨 SWU）和俄罗斯（1 500 吨 SWU）购买产能以满足客户需求，确保该公司在不具备铀浓缩能力时，仍然维持其在铀浓缩市场中的份额。铀浓缩市场二级供应约 8 000 吨 SWU，主要来自于核电公司、铀浓缩供应商以及政府的浓缩铀产品库存（占比 81.3%）。相比于铀转化，铀浓缩的二级供应市场对市场的作用相对较小。

**表 2　国际主要铀浓缩服务供应商**

| 供应商 | 额定产能/（吨 SWU/年） |
|---|---|
| 欧安诺公司 | 7 500 |
| 俄罗斯国家原子能公司 | 27 654 |
| 欧洲铀浓缩公司 | 18 230 |
| 其他（日本和巴西） | 66 |
| 总计 | 53 450 |

欧美在减少对俄罗斯铀浓缩供应依赖的过程中，短期内主要有两大替代供应来源。一是可用库存，主要掌握在核电公司手中，部分由供应商掌握。尤其美国考虑通过日本确保在必要时可以获得浓缩铀产品。日本的库存水平历来很高，福岛核事故后在运的反应堆很少，积累了大量库存。二是在浓缩运营中提高尾料丰度，释放更多铀浓缩产能。这种方式需要更多天然六氟化铀进料，受限于铀转化的供应能力。

为应对欧美市场未来铀浓缩供应短缺问题，欧安诺和欧铀均在考虑扩建产能。其合资企业浓缩技术公司（ETC）已经开始了离心机的生产准备工作。该公司自法国乔治贝斯二期铀浓缩厂项目结束后，便未进行过新离心机订单的生产。但两家铀浓缩公司均表示只有在获得足够的客户采购承诺和预期经济收益的情况下，才会做出最终投资决定。在新建设施方面，森图斯公司的美国离心机厂以及全球激光浓缩公司（GLE）的激光铀浓缩设施是未来铀浓缩供应的潜在供应商。但森图斯公司的设施目前主要用于示范生产高丰度低浓铀，产能非常有限。GLE 公司位于帕迪尤卡的设施主要用于尾料再浓缩以进入天然铀和铀转化的二级市场，位于威尔明顿的设施用于铀浓缩但建设进度缓慢。两家公司的新建设施在短期内难以改变国际铀浓缩市场供应格局。

### 3. 市场展望

气候变化以及能源问题，推动了各国核能政策转变，加快了核电复兴步伐，提振了全球铀转化和浓缩需求，带动了铀转化和浓缩市场脱离低迷情境。2022 年俄乌冲突后，随着欧美减少对俄罗斯供应依赖的政策，欧美铀转化和浓缩市场短期内迅速从供过于求转向供应短缺状态，面临新的供应格局。而二级市场供应的逐渐减少，使市场将更多地依赖初级生产，对铀转化和浓缩的产能提出更高要求。短期内，欧美铀转化和浓缩市场仍将维持着供应紧张的态势，长期来看，随着设施的重启和产能扩建，供需紧张将在一定程度上得到缓和。铀转化和浓缩市场在目前全球脱碳政策不变的背景下，将持续处于回暖态势。

（中核战略规划研究总院
肖朝凡、陈亚君、邓晨阳）

# 四十二、国际天然铀市场回暖，铀价格站上新台阶

2022年以来，受全球能源危机、地缘政治局势变化、金融市场波动等因素影响，国际天然铀价格出现大幅振荡，呈现出上半年冲高回落、下半年持续波动的走势，但铀价已站上新的台阶，未来可能持续上涨。

## 1. 天然铀价格大幅振荡

### (1) 2022年1月—4月天然铀价格快速冲高

自2022年1月开始至4月中旬，国际天然铀价格出现快速上涨，达到近十年高位水平。

第一，国际地缘政治局势变动是此次天然铀价格上涨的主要原因。2022年1月，全球最大天然铀生产国哈萨克斯坦因国内油气涨价等引发骚乱。受此影响，现货价格方面，一月初铀价出现小幅上涨，由42.5美元/磅一度涨至45.8美元/磅。随着哈萨克斯坦骚乱被迅速平息，铀价回落至42～43美元/磅。然而，2月24日，俄乌冲突爆发。随后，铀价迅速上涨，并随着俄乌局势的演变而波动。受美欧对俄铀产品制裁预期的影响，3月底，现货铀价为58美元/磅。4月中旬，现货铀价达到63.75美元/磅，为近十年高位水平。

第二，投资基金屯货助推铀价上涨。俄乌冲突导致加拿大实物铀

投资基金斯普罗特（SPUT）股价大幅上涨，形成新的现货采购能力。一季度斯普罗特共采购 4 688 吨铀，占其总持有量 20 565 吨铀的 23%。全球资本市场一些投机者对斯普罗特运行模式亦步亦趋，在现货市场买铀屯铀或加价转卖，铀价因此被炒作拉升。

图 1　现货铀价变化情况（2021 年 8 月—2022 年 10 月）

第三，能源危机使核电发展重受青睐，铀需求旺盛带动铀价上涨。俄乌冲突导致欧洲很多国家担忧其能源供应安全，重新考虑发展核电或放缓退核节奏。比利时将退出核电的时间从原计划的 2025 年延后 10 年。德国政府考虑延长原计划 2022 年关闭的三台核电机组的运行时间。法国总统马克龙称法国计划在 2050 年前至少新建 6 台 EPR-2 型核电机组。韩国新政府对核电的态度发生大的转变，要求尽快恢复筹建四座核电机组。全球核电发展前景总体上更趋于乐观，导致天然铀中长期需求增长，从而带动铀价上涨。

#### (2) 2022 年 4 月—5 月天然铀价格冲高后回落

2022 年 4 月—5 月美联储加息导致铀价回落。美国（及全球多数国家）通胀指数居高不下。为控制通胀，3 月美联储启动加息 25 基点，4 月公布 CPI 数据创下自 1981 年 12 月以来的新高，5 月再次加息 50 基点。受市场对美联储加息和后续进一步加息预期影响，短期内规模资金离场，天然铀市场融资能力下降，进而采购实物天然铀的能力减弱，使天然铀价格在 4 月中旬短暂触及 63.75 美元/磅后迅速跳水，5 月最低跌至 45 美元/磅。而实际上，各大实物天然铀投资基金采购量确实大幅缩减。以斯普罗特基金为例，二季度仅采购 1 289 吨铀。

（3）2022 年 6 月—10 月天然铀价格站稳新台阶

受金融市场调整及对俄制裁风险影响，在快速回落后，铀价在 6 月至 10 月期间长期在 45～55 美元/磅间波动，多次探底 45 美元/磅便反弹。例如，6 月加拿大政府修订针对俄罗斯的"特别经济措施"，迫使一批浓缩铀产品滞留在俄罗斯圣彼得堡港口，导致天然铀现货价格持续上涨，但美联储 6 月 17 日加息 75 个基点，抑制了投资基金购买天然铀现货，限制了铀价上涨。7 月最后一周核电公司进入天然铀现货市场交易，铀价小幅上升，但美联储的加息抑制了价格上涨。8 月由于北美处于夏季市场淡季，天然铀市场交易量非常少，铀价非常稳定，但最后一周加拿大实物铀投资基金等重新开始融资，推动铀价上涨。9 月初举行的 2022 年世界核协会研讨会集中讨论了各国在核能上的政策态度转变，积极的信号使天然铀现货价格维持在较高位置，但美联储加息 75 个基点导致股市暴跌，现货市场活动放缓，天然铀价格持续下跌。10 月铀市场的交易开始活跃，投资基金采购活动随美股反弹而恢复，天然铀价格又出现小幅上涨。

从几个月天然铀价格波动趋势看，铀价似乎站稳了新的台阶。分析其原因：一是福岛事故后，铀矿产量长期低于需求量，导致全球库存持续消耗，业界广泛认为供需将在 2021—2025 年间反转；二是 2020 年新冠疫情以来，全球面临较为严峻的通货膨胀和供应链不稳形势，给全球铀矿山原材料采购、物流运输成本压控造成较大压力，铀矿山生产成本显著上升；三是全球“双碳”倡议和俄乌冲突导致的能源危机大背景下，核能表现出较好的发展预期。

### 2. 天然铀合同情况

天然铀现货市场 2022 年前三季度共进行了 324 笔交易，总交易量为 4 400 万磅（1.69 万吨铀），远低于去年同期的 7 400 万磅（2.85 万吨铀）。第一季度共有 175 笔交易，交易量为 2 500 万磅。第二季度共有 98 笔交易，交易量为 1 160 万磅。第三季度共有 50 笔交易，交易量为 740 万磅。前三季度现货市场最大的买家是加拿大实物铀投资基金，占现货交易量的 37%。但受美联储加息影响，投资基金交易量不断下降。

2022 年前三季度的天然铀长期合同数量为 35 份，交易量为 7 780 万磅（2.99 万吨铀）。其中，28 份合同共 4 420 万磅为美国核电公司采购，占总合同量 57%。7 份合同共 3 360 万磅为非美国公司采购，占总合同量 43%。2021 年天然铀长期合同数量为 55 份，交易量为 7 179 万磅。2022 年前三季度交易量已超过 2021 年全年交易量。可见，受铀价上涨影响，长期合同交易量上升。

### 3. 天然铀供需情况

需求方面，预计 2022 年全球反应堆需求 15 990 万磅天然铀（6.15 万吨铀），其中亚洲最多约为 4 810 万磅天然铀（1.85 万吨铀），美国 4 530 万磅天然铀（1.74 万吨铀），西欧 3 450 万磅天然铀（1.33 万吨铀），其他地区 3 200 万磅天然铀（1.23 万吨铀）。UxC 在反应堆基本需求的基础上，考虑了核电公司提前的库存采购和金融市场的二级购买需求，预计 2022 年的总需求为 18 870 万磅（7.26 万吨铀）。

供应方面，预计 2022 年主要生产商有加拿大、哈萨克斯坦、俄罗斯、乌兹别克斯坦，初级生产量 13 300 万磅，二级供应量 5 300 万磅，共计约 18 600 万磅天然铀（7.15 万吨铀）。

受天然铀现货价格上涨且站稳新的支撑位影响，多个铀矿均有增产动向。加拿大卡梅科公司（Cameco）于 2 月初宣布，计划 2022 年重启全球最大麦克阿瑟湖铀矿（McArthur River），预计 2024 年达到并维持年产 5 769 吨铀，此外，到 2024 年卡梅科公司将调减其雪茄湖铀矿（Cigar Lake）产量为 5 192 吨铀（产能的 75%）。综合来看，从 2024 年起，卡梅科公司将给市场增加约 5 000 吨铀的产量。加拿大环球原子能公司（Global Atomic）正在推进尼日尔达萨铀矿（Dasa）融资和矿建，计划 2025 年初投产，爬坡至满产 1 300～1 500 吨铀。博思公司（Boss）推进澳大利亚蜜月铀矿（Honeymoon）融资和复产，计划于 2023 年年底复产，爬坡至满产 1 300～1 400 吨铀。哈萨克斯与俄罗斯签署采销协议，准备 2024 年启动开采坦布德诺韦克奇 6 号、7 号铀矿。哈萨克斯坦原子能工业公司表示将在 2024 起增加 2 000～3 000 吨铀/年的产量，其穆云库姆铀矿新地块也可能在未来进行开发。帕拉丁公司（Paladin）宣布计划于 2024 年重启中核集团参股 25%的纳米比亚兰格海因里希（Langer Heinrich，LH）铀矿项目，爬坡至满产 2 000～2 200 吨铀。乌兹别克斯坦计划将乌产量从 2021 年的 3 526 吨铀逐步增长至 2030 年的 7 100 吨铀。Goviex 公司推进尼日尔马达乌埃拉铀矿（Madaouela）融资，计划 2025 年末投产，爬坡至满产 1 100 吨铀。

## 4. 天然铀价格未来趋势分析

### (1) 铀价短期变化趋势

短期内，预计天然铀现货价格波动收窄，假设未来不发生其他重大突发事件，现货价格呈小幅上涨趋势。一是欧洲日益严峻的电力短缺和能源成本飙升使更多国家重新考虑核电，这些举措将刺激天然铀市场活动。二是俄乌冲突持续导致短期内市场依然维持现有紧张状态，俄乌冲突进入新阶段，给国际核燃料市场带来更多的风险和不确定因素，但无论俄乌局势最终走向何处，欧美各国都将寻求降低对俄罗斯核燃料的依赖。三是投资基金采购能力受美联储加息影响减弱，美国遏制通胀仍是首要任务，预计未来资本市场将持续低迷，加拿大实物铀投资基金获得大额融资的概率较小，采购现货的动力减弱，迫使其他贸易商对市场交易也持谨慎态度。

(2) 铀价长期变化趋势

2022 年以来，部分有核国家正在采取发展核能积极行动。比利时将退出核电的时间从原计划的 2025 年延后 10 年。根据国际原子能机构发布的《2050 年全球核电产能展望报告》，在高增长情景下，到 2050 年全球核电装机容量将从目前的约 390 吉瓦增加到 873 吉瓦。长期来看，未来随着全球“碳中和”政策的不断推进，能源结构低碳转型步伐将加快，核电发展迎来复苏。此外，受俄乌冲突及对俄制裁影响，欧洲对俄罗斯作为能源供应商的依赖越来越成问题，可能提高欧洲发展核能的政治意愿和公众支持。因此，预计未来天然铀需求放量，将为天然铀生产和铀资源开发提供良好的市场空间，天然铀价格有望进一步增长。

### 5. 小结

天然铀资源是战略性关键矿产，是核工业发展的重要物质基础。核燃料成本约占核电度电成本的 20%，其中天然铀成本约占燃料成本的 40%。天然铀价格的变动走势包括短期变动和长期变动，都将对核电产业产生广泛影响。突发事件如新冠疫情、俄乌冲突等，周期性事件如美联储的量化宽松政策和加息紧缩政策，在短期内导致天然铀价格波动。从长期来看，铀价上涨将逐步推高天然铀采购成本，还会提升天然铀生产国对铀资源的预期估值，需警惕短期变动带来的经济风险。

（中核战略规划研究总院
肖朝凡、陈亚君、陆　燕、邓晨阳）

# 四十三、主要国家积极推动乏燃料管理技术与能力发展

俄乌冲突以来，全球能源短缺问题日益凸显，各国纷纷转向清洁能源发展之路，世界主要国家开始重新审视核能的作用，制定和实施了一系列关于核能发展的战略，推动了新一轮核能技术创新和产业变革。

## 1. 美国

### (1) 能源部大力推动乏燃料循环利用先进技术研发

2022 年 3 月，美国能源部（DOE）宣布，将以 200 吨/年后处理设施的建设以及安全经济运行为导向，为“乏燃料能源化”计划投资 4 800 万美元，进行前期技术的研发。“乏燃料能源化”计划的目标是：解决先进后处理技术研发、后处理流程核材料监测、设施设计及工程分析等方面的关键难题，支持 200 吨/年商业后处理厂的建设，保证 1 美分/千瓦时的燃料成本。10 月，DOE 选择了 12 个项目进行资助，共获批 3 800 万美元，以促进商业动力堆乏燃料的回收。

此外，能源部还部署了其他多项计划，共同推进乏燃料循环利用先进技术的研发及商业化：一是“先进反应堆废物处置系统优化计划”，其中近一半项目涉及乏燃料循环利用技术，共获批 2003 万美元；

二是“2021开放招标计划”，获批660万美元，助力干法后处理设施关键技术攻关及乏燃料非中子嬗变技术研发；三是技术商业化基金，将推动干法后处理技术合作研发及商业化进程。

### (2) 推动乏燃料临时贮存设施延寿及中间贮存设施选址

美国是世界上核电装机最多的国家，也是乏燃料最大产生国，现累积乏燃料高达9万吨。由于集中贮存设施和深地质处置库的缺位，使得乏燃料不得不长期在各核电厂址在堆贮存，安全管理问题日益突出。美国2022年对乏燃料贮存方面的动向一是利用经济补偿等方式，推动中间贮存设施的选址；二是在乏燃料长期贮存或处置方案制定之前，积极推动在堆贮存设施的延寿。

2022年9月，美国能源部宣布为乏燃料临时贮存设施选址工作提供1600万美元资金支持，以推动乏燃料相关管理设施的选址和建设，并推进乏燃料及高放废物处置研发工作。这些资金具体将用于以下任务：一是组织社区参与乏燃料管理有关工作；二是公众沟通工作；三是制定选址相关战略，并向利益相关者进行宣贯。有意参加选址工作的地区可向美能源部提交拨发款项的申请。

2022年10月，美国核管会批准美国圣奥诺弗雷核电站的两座乏燃料贮存设施中的旧设施延寿13年，该设施的运营许可证原定于2022年到期。另一座新建设施的运营许可证有效期为2035年10月。圣奥诺弗雷核电厂有三座核电机组，现全部处于退役状态，该核电厂产生的所有乏燃料已转移至共123个干式贮存容器中，并在现场的两座贮存设施中贮存。

### (3) 能源部为乏燃料处置工作及管理战略推进工作申请预算

2022年年中，美国能源部向国会提交了2023财年预算申请，其中包含了对乏燃料处置工作以及对乏燃料管理战略推进工作的预算。

2022年5月，美国能源部公布了环境管理办公室（EM）向国会提交的 2023 财年预算申请。该办公室 2023 财年预算申请总额为 76.43 亿美元，与 2022 财年的预算申请额度基本持平。其中，EM 申请了 4.98 亿美元用于特殊核材料及乏燃料的处置。此外，9.86 亿美元用于超铀废物和固体废物的管理，5.35 亿美元用于土壤和地下水保护，26.71 亿美元用于放射性废液的处置，15.11 亿美元用于废物处理设施的研发工作，14.42 亿美元用于提供现场服务。

此外，2022 年 6 月，DOE 公布了 2023 财年核能预算申请，包括 5 个要点：（1）Xe-100 小堆及 Natrium 堆的管理监督工作移交至清洁能源示范办公室；（2）小堆和微堆的研发；（3）高丰度低浓铀生产；（4）推动大学及小型企业的新技术研发、基础设施改进及人才培养；（5）乏燃料综合管理战略的制定。这些预算总额为 17 亿美元，旨在研发先进核技术和改进燃料循环，进而为美国 2050 年净零排放目标的实现提供支持。其中，为进一步推动能源部为乏燃料制定的综合管理战略，美国能源部向国会申请了 5 300 万元的预算。

### (4) 能源部批准加速清除遗留乏燃料的新方法

2022 年 4 月，美国能源部环境管理办公室批准了一种在萨凡纳河场址 H 谷后处理厂处理乏燃料的新方法，以加速清除贮存在 L 盆地贮存区的约 29.2 吨乏燃料及靶材料。该方法不再对乏燃料进行回收处理，将直接对乏燃料进行溶解，并对溶解液进行玻璃固化处理，而不需要回收高浓铀。采用新方法后，预计将用 12～13 年的时间处理完全部贮存的乏燃料，并节省 20 多年的工作时间和约 40 亿美元的成本。

H 谷后处理厂是美国唯一一家大型、远程操作、具有辐射屏蔽功能的化学分离工厂。该设施于 1955 年投运，负责从乏燃料中回收铀和镎。冷战结束后，该设施的任务改为核不扩散和环境整治。自 1964 年以来，L 盆地已从美国及海外研究堆接收了包含超过 47 880 个乏燃料组件的 2 467 个乏燃料罐。

## 2. 俄罗斯

### (1)“突破”计划进展迅速

2022年，俄罗斯旨在实现快堆闭式燃料循环的“突破”计划进展迅速。其中，2022年1月，俄罗斯签署了乏燃料后处理模块设计合同，将由圣彼得堡原子能设计院完成后处理模块的详细设计，并制造该模块的所需设备，该模块预计2024年开始建设。

此外，快堆模块正在建设反应堆大楼底层的墙壁和天花板，同时正在浇筑涡轮机大楼底板混凝土，预计2026年投运。燃料制造模块供气系统已就绪，已开始对管道进行测试，正在对供电系统进行调整，冷却塔结构建设也已完成，该模块预计2023年建成。

“突破”计划旨在实现闭式燃料循环和核材料的重复利用，从技术层面降低核扩散风险；提高核电站的固有安全性，提高核电经济性。其目标是在西伯利亚化学联合体建设一个中间示范电力综合体。该综合体将由位于同一场区的三个模块组成：BREST-OD-300铅冷快堆模块、铀钚氮化物燃料制造模块、乏燃料后处理模块。该综合体建成后，俄将获得全球首个在同场址拥有快堆及配套闭式燃料循环设施的综合体，并助力俄罗斯实现“2050年核能发电占比达到45%～50%，2100年前核能发电占比70%～80%”的长期战略目标，推动俄罗斯核能产业大规模发展。

### (2) 俄罗斯完成后处理中试厂先进工艺开发

2022年3月，俄罗斯国家原子能公司的矿业与化学联合体完成了后处理中试厂先进工艺的开发。该工艺采用的是简化普雷克斯（PUREX）流程，对多项技术进行了改进，主要包括先进首端（氧化挥发法）、低酸溶解过程、无盐试剂乙酰氧肟酸的应用、新的放射性废物管理方法。

采用新工艺的俄罗斯后处理中试厂共分两期建设：一期工程已于2018年完成建设和设备调试，具备每年处理5吨乏燃料的能力；二期工程正在建设，建成后将具备每年处理250吨乏燃料的能力。俄罗斯后处理中试厂的先进后处理工艺实现了对关键技术的改进，是对水法后处理技术的重大革新。该工艺彻底转变了后处理“脏”生产的特征，建设和运行成本更低，同时不分离纯钚，满足防扩散要求，将为俄罗斯新一代内陆后处理大厂（1 500吨/年）的建设和运行提供经验。

### 3. 英国

2022年7月17日，英国塞拉菲尔德镁诺克斯（Magnox）后处理厂完成了最后一批乏燃料的后处理，标志着该后处理厂现已将全部乏燃料库存处理完毕，正式结束运行。Magnox后处理厂于1964年投运，截至目前，已从英国、意大利、日本等国的核电厂接收了总共500万根乏燃料棒，总重近5.5万吨，并进行了后处理。该厂关闭后，将进入为期两年的清理阶段。Magnox后处理厂是英国最后一个乏燃料后处理厂，该厂关闭后，英国现已没有乏燃料后处理产能。

### 4. 日本

#### (1) 陆奥市对乏燃料干式贮存设施征收税额减免9成以上

2022年1月，为推动柏崎刈羽核电厂将乏燃料运送至青森县陆奥市干式贮存设施，陆奥市针对乏燃料税制定了大幅减免的计划。此前，该设施运营商可再循环燃料贮存公司（RFS）称赋税过重，担心企业运营成本过高，难以开展贮存业务。据估计，减税后，在陆奥市干式贮存设施开始贮存乏燃料后的五年内，税收将由93.74亿日元降至5.84亿日元，税率与柏崎市对核电厂征收的乏燃料贮存税率相同。

乏燃料税是陆奥市自行征收的非法定税种，根据2020年3月颁布的市政条例，每接收 1 千克铀乏燃料征税 19 400 日元，每贮存 1 千克铀乏燃料征税 1 300 日元。而此次减免后，接收乏燃料免税，贮存则按 620 日元/kgU 征税。

截至 2022 年 9 月底，日本核电站乏燃料在堆贮存为 21 350 吨，现已贮存 16 430 吨，多个乏燃料水池容量告急；东海村后处理厂水池贮存能力为 140 吨，容量已满；六个所后处理厂尚未投运，配套的乏燃料水池容量为 3 500 吨，已存放约 3 393 吨乏燃料。日本电力企业均面临乏燃料贮存的压力。日本对乏燃料中间贮存设施执行税惠政策，意在推动该设施尽早投运，以缓解乏燃料在堆贮存压力，为未来核电的大规模重启做好准备。

### （2）六个所后处理厂第 26 次延期

2022 年 12 月 26 日，运营六个所后处理厂的日本原燃公司正式宣布再次推迟该厂的投运日期，这是该厂自 1993 年开工建设以来第 26 次延期。按照最新计划，该厂将于 2024 年 4 月—9 月投运。

该厂原计划于 1997 年投运，后由于种种原因多次延期。2020 年 8 月，原燃公司宣布计划于 2022 年 9 月底投运该厂，但由于核监管局仍在对其安全工程建设情况进行审查，暂无法发放运行许可，因此原燃公司只得再次延后投运日期。

### （3）六个所 MOX 燃料制造厂时隔 7 年重启建设

2022 年 9 月 14 日，日本原子力规制委员会批准了日本原燃公司于 2020 年 12 月提交的六个所 MOX 燃料制造厂安全工程建设计划，15 日，该厂重启建设，这是该厂自 2015 年 11 月暂停建设后的首次重启。

六个所 MOX 燃料制造厂原计划于 2007 年开工建设，2012 年建成。但 2007 年 7 月新潟县地震发生后，日本在颁布了针对核设施的更为严格的抗震标准，因此该厂到 2010 年才正式启动建设，随后又由于福岛地震等因素，多次推迟竣工时间。根据原燃 2022 年 2 月发布的 MOX 燃料制造厂生产计划，该厂现计划于 2024 年竣工，2025 年开始生产 MOX 燃料，额定产能为 130 吨/年。

截至 2022 年，日本重启了 4 座可使用 MOX 燃料的机组，坚持核燃料闭式循环政策，并通过 MOX 燃料的制造和使用对钚进行合理利用。根据规划，到 2030 年，日本至少有 12 座机组使用 MOX 燃料。

### 5. 韩国

2022 年 7 月 20 日，韩国产业通商资源部（MOTIE）宣布，韩国政府将投资 1.4 万亿韩元（约合 11.2 亿美元）用于高放废物即乏燃料运输、贮存和处置相关的技术研发和设施建设。其中，5 000 亿韩元（约合 4 亿美元）用于建设地下研究设施，9 000 亿韩元（约合 7.2 亿美元）用于技术研发，包括运输技术 223 亿韩元，贮存技术 1 239 亿韩元，选址 2 313 亿韩元，处置技术 5 225 亿韩元。

产业通商资源部表示，与美国、瑞典和芬兰等国家相比，韩国在乏燃料的运输、贮存和处置等方面仍存在技术差距，其中处置技术差距最大。韩国计划 2023 年启动乏燃料中间贮存设施的选址工作，2043 年之前完成乏燃料中间贮存设施的建设，并计划于 2060 年完成乏燃料深地质处置设施的建设。未来，韩国将加强与法国、芬兰等处置技术先进的国家的合作，以及与 IAEA、OECD/NEA 等国际组织的合作。

### 6. 芬兰

2022 年，芬兰乏燃料深地质处置库及其配套设施的建设取得重大进展。于 2019 年 9 月在奥尔基洛托启动建设的乏燃料封装厂已于 2022 年 5 月底完成土建工作，6 月已由承包商移交给芬兰废物管理公司波西瓦公司（Posiva），开始进入下一阶段的设备安装工作。该厂是波西瓦公司最终处置设施综合体的一部分。一旦最终处置作业开始，乏燃料将从中间贮存设施转运至该封装厂，装入由铜和球墨铸铁制成的最终处置罐中，然后再被运往位于最终处置库地下 400～450 米深处的隧道，并进一步将它们转移到衬有膨润土缓冲层的沉积孔内。

2022 年 7 月，芬兰波西瓦放射性废物管理公司（Posiva Oy）宣布，已经完成翁卡洛（Onkalo）深层地质处置库首批五条处置隧道的挖掘工作。该处置库位于奥尔基洛托（Olkiluoto），是世界上第一座乏燃料处置库，预计将于 21 世纪 20 年代中期开始运行。波西瓦公司表示，隧道挖掘工作始于 2021 年 5 月，2022 年 6 月 21 日完成第五条隧道的挖掘工作。这五条隧道耗资 5 亿欧元（约合 5.2 亿美元），总长 1 700 米，可容纳 180 个处置容器。在最终处置库的 100 年运行期限内，预计将挖掘 100 条隧道，总长约 35 千米。每条隧道的最大长度为 350 米，高约 4.5 米，宽约 3.5 米。

### 7. 加拿大

**（1）2022 年 6 月发布深层地质处置库候选场址适宜性报告。**加拿大核废物管理组织（NWMO）表示已确定了两个候选场址均适于建设乏燃料深层地质处置库，并在近日发布的《安全信心报告》介绍了该组织对两个候选场址的信心。这两个场址分别是位于伊格纳斯镇西北约 43 千米的雷维尔（Revell）和位于南布鲁斯市蒂斯沃特西北约 5 千米的南布鲁斯（South Bruce）。NWMO 表示，这两个场址具有相似的安全特征。二者均位于稳定、不易发生地震的岩层中，且岩层均具有足够的深度、宽度和体积，能够满足建设在地下 500 米深地质处置库的隔离要求。此外，这两个候选场址在矿产资源开采方面都不具备经济性，降低了未来人类开采活动破坏处置库的风险。

**（2）完成处置库工程屏障的全面示范试验。**该工程屏障将用于在该国深地质处置库，安全地容纳和隔离乏燃料。根据核废物管理组织的构想，乏燃料最终将被放置在地下约 500 米的深地质处置库中。在固体基岩的天然盾构内部，将使用 5 层工程屏障与天然屏障容纳乏燃料并将其与外界环境隔离。这些屏障包括涂覆有耐腐蚀铜涂层的厚碳钢乏燃料容器，该容器放置在填充有压缩膨润土的缓冲箱内。膨润土缓冲箱的作用是隔离地下水侵蚀和微生物繁殖，防止发生腐蚀或降解。目前，NWMO 正在为乏燃料深地质处置库选址，预计将于 2023 年完成选址。

## 8. 小结

主要核能大国正在结合先进核能的部署规划，大力推动配套先进燃料循环技术研发，致力于实现先进后处理技术的商业化。美国目前主要有两个目的导向，一是推动已有乏燃料的临时贮存、加速清除等，旨在缓解乏燃料累积问题，解开乏燃料管理困局，为先进核能技术的发展铺平道路；二是促进先进乏燃料循环利用技术的开发和商业化，打通配套先进堆的先进核燃料循环体系，巩固全球核能领导地位。俄罗斯坚持核燃料闭式循环路线，不仅对传统 PUREX 流程进行了具有重大意义的改进，而且，配套快堆的燃料循环能力建设也在国家规划的支持下稳步落实。俄罗斯乏燃料后处理技术研发实力强，在后处理工艺技术领域保持国际先进水平。此外，深地质处置库建设正取得了重大进展。芬兰深地质处置库已进入建设阶段，成为当今世界上开拓高放废物处置的先驱者。

（中核战略规划研究总院
赵　远、陆　燕）

# 四十四、美国推动乏燃料循环利用先进技术商业化

2022 年 3 月，美国能源部高级能源研究计划署（ARPA-E）宣布，将为“乏燃料能源化”计划（CURIE）投资。该计划的申报项目均以 200 吨/年后处理设施的建设以及安全经济运行为导向。除此之外，2022 年另有其他三项技术研发计划已获得能源部投资，共同推动先进反应堆配套核燃料循环技术的商业化进程。

## 1.“乏燃料能源化”计划背景及概况

随着尤卡山深地质处置库项目流产，集中贮存设施迟迟不能落地，美国乏燃料管理工作陷入困局。为支持乏燃料循环利用先进技术的开发部署，2022 年 3 月，能源部宣布，将为“乏燃料能源化”计划投资，共计 4 800 万美元。该计划目标是通过开发创新的分离技术、核材料在线监测技术以及新设备的设计，解决在后处理技术、过程监测、设施设计等方面的关键难题，实现轻水堆乏燃料的商业后处理，经回收再利用，制造先进反应堆燃料；同时将分离其他具有商业价值的放射性核素，用于工业或医疗，提升美国核能的经济竞争力。

“乏燃料能源化”计划的技术目标为：一是大大降低高放废物处置体积；二是维持 0.1 美分/千瓦时的废物处置成本；三是支持 200 吨/

年商业后处理厂的建设，并保证 1 美分/千瓦时的燃料成本；四是对后处理流程进行准确的预测性监控；五是开发不产生纯钚的后处理流程。

“乏燃料能源化”计划的申报项目共涉及四方面内容：一是先进后处理技术的研发，包括但不限于湿法后处理技术、熔盐电解技术、氟化挥发技术，需具备可减少废物体积、设备紧凑、防扩散等特点，同时，该技术需可实现商业化，燃料成本不高于 1 美分/千瓦时。二是后处理流程核材料在线监控技术，在相关工艺条件下，可对核材料进行可预测性衡算，不确定度在 1%以内。三是后处理设施设计及工程分析，通过后处理设施模块化、自动化、技术优化等措施降低建造成本，并进行系统工程分析，评估相关风险，探索其他改善后处理设施经济性的途径。四是在上述三方面内容之外，但可满足计划技术目标的项目。

该计划目前已完成项目申报，5 月将公布项目批复结果。

### 2. 能源部多项计划推进乏燃料循环利用先进技术的研发及商业化

#### (1)“先进反应堆废物处置系统优化计划”近一半项目涉及乏燃料循环利用技术

2022 年 3 月，能源部为“先进反应堆废物处置系统优化计划”（ONWARDS）的 11 个项目投资，旨在解决先进反应堆燃料循环废物相关的技术挑战，减少先进反应堆废物产生量，使核能成为清洁能源的可靠来源。其中有 5 个项目涉及乏燃料循环相关技术，共获批 2003 万美元，包括：铀回收技术研发 855 万美元、后处理设施保障衡算系统开发 450 万美元、熔盐电解干法后处理设施的商业化 400 万美元、具备商业可行性的金属燃料干法后处理新工艺研发 208 万美元、乏燃料中铀/超铀元素挥发提取工艺优化 90 万美元。

### (2) “2021 开放招标计划”助力干法后处理设施关键技术攻关及乏燃料非中子嬗变技术研发

2022 年 2 月，能源部为“2021 开放招标计划”（OPEN2021）投资，以支持包括核燃料循环在内的 13 个清洁能源领域共 68 个研发项目。该计划的目标是在能源转型关键期，对清洁能源领域颠覆性技术进行示范验证。阿贡国家实验室共 3 个项目获批，其中 2 个涉及核燃料循环技术研发，共获批 660 万美元，包括：一是快堆干法后处理关键技术攻关 360 万美元，该项目将对快堆燃料循环关键保障技术进行研发，涉及干法后处理设施设计、人工智能等关键技术的攻关；二是乏燃料非中子嬗变技术研发 300 万美元，该项目将利用光子、质子等高能非中子粒子，对长寿命裂变产物进行嬗变，实现较高的嬗变性能。

### (3) 技术商业化基金推动干法后处理技术合作研发及商业化进程

2022 年 2 月，阿贡国家实验室与奥克洛公司签署合作协议，将在能源部技术商业化基金（TCF）的资助下，合作推进先进反应堆燃料再循环技术商业化。TCF 旨在加强能源部国家实验室与私营企业合作，将国家实验室开发的具有前景的技术投入市场。

阿贡国家实验室与奥克洛公司的合作项目主要针对熔盐电解技术商业化。目前，熔盐电解技术已被确定为美国干法后处理研发的首选技术。从长远看，该项技术的工程前景是乐观的，商业化将有助于降低先进反应堆燃料成本，并降低燃料供应风险。

## 3. 小结

2022 年以来，美国已部署多项计划，支持乏燃料再循环技术的研发。尤其是推出的“乏燃料能源化”计划投资额 4 800 万美元支持先进后处理相关技术研发。美国此举意在增强核能市场竞争力，巩固全球核能领导地位。

（中核战略规划研究总院

赵　远、陆　燕）

# 核技术应用

# 四十五、俄罗斯多条路径推动同位素生产能力发展

2022年年初，俄罗斯电化学工厂联合企业宣布，2021年度利用气体离心机生产的稳定同位素产品销往25个国家，营业收入达到了创纪录的2 000万美元，其重要产品包括锗-76、钼-100、铱-191、锆-96、碳-13等。2022年5月，俄罗斯利用RBMK反应堆生产钴-60的计划取得新进展，库尔斯克核电厂3号反应堆装入钴吸收剂启动了钴-60生产。2022年6月，俄罗斯国家原子能公司还和埃及企业EGIT签署供应铱-192、硒-75工业用同位素等的协议。俄罗斯国家原子能公司目前是世界医用同位素和放射性药物主要供应商，放射性同位素生产中占世界25％～40％。

各种同位素是核能利用以及各行业核技术应用的基础。俄罗斯核工业规模庞大、产业链完整、产能雄厚，放射性和稳定同位素生产，伴随核材料、核能、研究堆等领域的生产、科研能力而一同发展。一批科研生产单位围绕这些能力形成了零散分布、手段多样灵活、产能雄厚、发展活跃同位素生产体系，是俄罗斯核工业与技术中引人注目的一个要素。

## 1. 电磁分离

电磁分离技术源于早期铀浓缩技术的探索。后来气体扩散法和离

心法成为铀浓缩的主流技术，电磁分离技术被用来生产许多其他同位素。俄罗斯目前有三家单位具备电磁分离同位素的能力。早期生产的稳定同位素大部分用于核物理学研究，后来扩展到医学应用领域并供出口。

位于电化学装置联合企业（Elektrokhimpribor）的电磁分离设施在 40 年代末建成，1951 年运行，采用 SU-20 工业规模电磁分离装置开展浓缩铀和锂同位素生产，支持核武器研制。该装置配备的电磁体就重达几千吨，有 20 个分离室。随着气体扩散技术大规模发展成为铀浓缩生产主力，该厂从 1955 年起重点开展非铀稳定同位素分离，各类产品包括 44 种元素的 200 多种同位素中，主要集中在中等质量元素和重元素（除了放射性、气体和贵金属同位素以外）。1996 年，小规模的 E-7 分离装置也投入运行，可定制生产更高质量的 10 克以内的小量产品。

核武器设计机构全俄实验物理科学研究院（VNIIEF）也在 1969 年配备了 S-2 分离装置，生产微克到克量级的高纯度铀、钚、镅、锔等锕系元素同位素，用于测量核常数以及开展核物理研究。该型装置以氯化物为原料，21 世纪初对分离装置进行升级、采用新的离子源后，分离效率从 5%提升至 15%～20%，并可采用金属和氧化物原料。2012 年曾获得 99.983%的钚-244 产品。

库尔恰托夫研究院也建有小规模的电磁同位素分离装置，从 20 世纪 80 年代末期开始生产 40 多种元素的稳定同位素。苏联时期建立的目前位于格鲁吉亚第比利斯的稳定同位素研究所，利用电磁分离技术开展轻元素稳定同位素的分离。

### 2. 离心机

苏联用于生产浓缩铀的离心机技术虽然早在 20 世纪 40 年代就有

所探索，但从 50 年代后期才开始工业应用，60 年代以后成为发展重点，逐步取代气体扩散法，到 1991 年完全取代。

苏联从 20 世纪 70 年代就开始将离心分离技术用于稳定同位素生产。从事这个方向生产的主要是俄罗斯 4 家铀浓缩生产企业当中的 2 家，即电化学工厂联合企业（PA ECP）和西伯利亚化学联合企业（SCC），还有核武器设计机构 VNIIEF。近年来，俄罗斯离心机研制企业还开发了生产稳定同位素的新型高性能气体离心机。

PA ECP 在 1971 年首次用离心分离法获得富集度 80%的铁-57，1993 年建成投运了专门生产稳定同位素的同位素生产车间，目前生产 21 种化学元素的 107 种同位素，年产量几百千克，是世界上最大的稳定同位素生产单位。PA ECP 还在 2018 年新启动了效率提高的铱-191 生产装置，恢复了锗-76 生产，并计划生产用于中微子科学研究的铬-50。SCC 目前也开展稳定同位素生产，产品氙-124、氙-126、氙-128、锡-112、硒-74 等。VNIIEF 安装了高速离心机，生产极高纯度的稳定同位素产品。

### 3. 产氚堆

苏联曾在 3 个钚材料生产基地建立的 18 座军用核材料生产堆，包括 15 座产钚堆和 3 座氚与同位素生产堆。18 座反应堆中的 16 座，包括全部产钚堆，都已关闭，最晚的运行到 2010 年。3 座氚与同位素生产堆都坐落在马亚克生产联合企业，目前仍在运行的 2 座，都是以普希金长篇诗歌人物命名。“鲁斯兰”反应堆是 800 兆瓦的轻水堆，“柳德米拉”（又称 LF-2）反应堆是 800 兆瓦的重水堆，分别于 1979 年和 1988 年开始运行。

马亚克生产联合企业依托其氚与同位素生产堆，从 1962 年启动了“放射性同位素工厂”，制造多种放射源、钚-238 和锶-90 电源、同位素产品等。马亚克生产联合企业也是俄罗斯后处理的主要中心，凭借这些能力优势成为世界主要的放射性同位素生产企业，其同位素产品生产总量占俄罗斯的 60％。产品包括基于钴-60、铱-192、铯-137、镅-241、钚-238、钚-239、钷-147、锶-90、铁-55 等同位素的 α、β、γ 源和中子源，以及碳-14 和氪-3 等同位素制品。其生产的铯-137 占世界市场的 100％，碳-14 占 80％，镅-241 占 30％。

为替代日益老旧的“鲁斯兰”和“柳德米拉”反应堆，保持氚材料与同位素生产能力，马亚克生产联合企业正在建造一座新的多功能研究堆。该堆 2015 年启动设计，2018 年开始建造，计划 2023 年开始运行。

### 4. 研究堆

国际原子能机构统计，全世界目前运行研究堆和临界装置 222 座，其中俄罗斯就占 51 座（是数量最多的国家，美国为 50 座），分布在十几家科研单位和大学。这些反应堆，特别是一些高性能研究堆，在基础物理、核反应堆、核武器等研究中发挥巨大作用，也成为放射性同位素生产的主力。俄罗斯至少有 8 家科研院所和高校利用这种方法生产放射性同位素及其制品。

原子反应堆研究院（已于 2021 年并入莱布恩斯基物理与动力工程研究院）是俄罗斯最大规模的研究堆和热室基地，目前运行 6 座研究堆和 3 座临界装置，并正在建造 1 座研究堆，包括了俄罗斯大部分的高通量研究堆。原子反应堆研究院的放射性核素源与放射化学部有 34 个热室和 30 多个屏蔽手套箱，其中 22 个热室可操作放射性高至 10 万居里的材料，分为 6 个制造设施，生产各类放射性同位素以及相关制品。2010 年，原子反应堆研究院启动钼-99 商业生产计划，建立了 2 座生产设施，总产量最高可达每周 900 居里。

其他具有研究堆与热室能力、生产规模较小的单位包括从事放射化学与化工研究的赫洛平镭学研究院、卡尔波夫物理化学研究院，从事核武器研发的全俄实验物理科学研究院，从事核反应堆技术研发的莱布恩斯基物理与动力工程研究院、库尔恰托夫研究院、反应堆材料研究院，以及核领域主要高校托木斯克理工大学等。

### 5. 核电厂

核电厂反应堆的辐照能力也可用于放射性同位素生产。传统上，俄罗斯钴-60 生产以马亚克生产联合企业和核反应堆研究院为主。列宁格勒核电厂从 2001 年以来开始利用 RBMK-1000 反应堆生产钴-60。为扩大生产满足需求，2016 年以来，俄罗斯国家原子能公司启动了在 RBMK 核电厂反应堆生产工业用钴-60 的项目，在库尔斯克核电厂、斯摩棱斯克核电厂、列宁格勒核电厂三个核电厂的多座 RBMK-1000 核电机组开展钴-60 生产。2022 年 5 月，俄罗斯库尔斯克核电厂 3 号反应堆装入钴吸收剂启动了钴-60 生产，是最新加入这一项目的机组。

### 6. 加速器

俄罗斯加速器研制和应用有悠久的历史，叶夫列莫夫电物理学装置研究院（NIIEFA）及其前身机构从 20 世纪 30 年代就开始研发制造加速器。俄罗斯目前拥有一批大型同步加速器辐射源、对撞机、质子同步加速器开展基础物理学研究。

一些科研机构和企业目前也将回旋加速器、直线加速器等用于放射性同位素生产，包括库尔恰托夫研究院（30 兆电子伏回旋加速器）、回旋加速器公司（23 兆电子伏和 14 兆电子伏回旋加速器）、赫洛平镭学研究院、放射学与 X 射线学中央研究院、国防部第二中央研究院（30 兆电子伏回旋加速器）、托木斯克理工大学（回旋加速器）、俄罗斯科学院核研究所（直线加速器）等。

### 7. 锂同位素

苏联在核工业发展早期就为供应核武器装料而生产锂同位素。早期曾由一些生产常规军备的小型工厂生产。20 世纪五六十年代，负责给核材料生产堆制造核燃料的第 12 机械制造厂（后改称 MSZ 机械制造厂）曾生产锂同位素。从 60 年代开始，大型核燃料生产企业新西伯利亚化学浓缩物工厂建立了大规模的锂同位素生产工艺，为各类军民用途开展生产。该厂 2012—2013 年开展设备现代化升级，估计产能可提高一倍。目前该厂生产各种锂化合物和同位素产品，已成为世界上最大的锂-7 产品供应商，占世界市场份额的 70%。

### 8. 小结

俄罗斯的同位素生产呈现几个特点。第一，产能分布零散、生产手段多样，而且许多生产能力作为核材料生产、研究堆辐照研究等活动的副产品而发端，显示核工业的许多领域都有生产同位素的潜力。第二，产品类型多，产量大，是由于技术手段多样且参与生产的设施数量巨大，特别是拥有众多的研究堆和加速器，加之面对需求着广泛的同位素市场，各种生产潜力得到充分发掘。第三，战略性产品生产实力雄厚，为关键领域提供了物质保障。如钚-238 作为放射性同位素电源装料，一直保持不断生产，还曾出口美国，锂-7 生产量达到世界最大，目前正在面向需求而加大钴-60、钼-99 的生产能力和产量。

（中核战略规划研究总院

许春阳）

# 四十六、日本发布推进医用放射性同位素生产和应用行动计划

2022 年 5 月 31 日，日本原子能委员会（AEC）发布了“推进医用放射性同位素生产和应用的行动计划”（以下简称“行动计划”），从国家战略层面统筹部署了利用研究堆和加速器开展同位素研发和推动同位素临床应用的行动方案，提出了未来十年要力争实现的四大目标和相应的行动举措。该行动计划强烈呼吁日本相关中央部委、国立研发机构、高校以及企业等利益相关方联合行动，采取针对性措施切实推进国产医用放射性同位素研发和供应，不断提升国民福祉，保障经济安全。

## 1. 行动计划背景

日本原子能委员会认为，通过普及使用放射性同位素进行诊断和治疗，一方面将充实日本的医疗体制，从而为提高国民福祉做出贡献；另一方面将产生较高的经济效益，有助于保障经济安全。当前，世界许多国家均将医用放射性同位素生产和应用的研究上升到国家政策的高度。在这种背景下，日本政府在 2021 年 6 月发布的“增长战略后续行动”中提出“要推进利用研究堆进行放射性同位素的生产”，加快推动放射性同位素的国产化研究和自主化供应。

2021 年 11 月，日本原子能委员会增设了“医用放射性同位素生产和应用专业分会”，针对推进以医用为首要用途的放射性同位素生产和应用的问题同相关中央部委等进行研讨，最终制定形成了“推进医用放射性同位素生产和应用的行动计划”。该行动计划在经过多次讨论修订后已被日本原子能规制厅（NRA）审核通过，并于 2022 年 5 月 31 日正式发布。

## 2. 发布背景

### （1）欧美国家从战略层面出发，投入了大量资金，加速构建基于研究堆和加速器的放射性同位素的生产和供应网络

美国能源部（DOE）设立了同位素项目（IP），统一推进美国国内短缺的放射性同位素和浓缩稳定同位素的生产和供应，并布局开展同位素新型制备工艺的研发，在全美国构建放射性同位素的生产供应网络。该项目在 DOE 的 2022 财年预算中获得了 9 000 万美元，较 2017 财年增长了约 3 倍。此外，DOE 还设立了同位素研发和生产项目（IDPRA），积极地为大学和研究机构提供财政援助，以期维持放射性同位素的供需平衡。

欧盟委员会于 2021 年 2 月通过《医疗电离辐射应用战略议程》（SAMIRA）行动计划，并将“确保医用放射性同位素的供应”列为优先项目之一，同时推进旨在加快开发和引进新型放射性同位素及其生产工艺的欧盟放射性同位素储备计划（ERVI）。2021 年 5 月，作为欧盟“地平线 2020”项目之一的医用放射性同位素项目（PRISMAP）启动，来自 13 个国家的 23 个合作伙伴将构建一个放射性同位素的供应链网络，为医学研究提供高纯度级的新型放射性同位素。

### (2) 日本放射性同位素大多依赖进口，随着研究堆逐渐重启，将加快推进国产化研发进程

在日本国内，日本原子能研究开发机构（JAEA）、日本理化学研究所（RIKEN）分别利用其拥有的研究堆和加速器生产了多种放射性同位素。但由于政策要求，从1995年开始日本国内生产的放射性同位素仅限于需求量大的钴-60、铱-192和金-198。对于医疗诊断中应用最多的钼-99、锝-99m，虽进行了技术开发，但也因种种原因，目前全部依赖于进口。2011年，日本曾制定行动计划提出了利用材料试验堆JMTR和沸水堆核电厂生产钼-99和锝-99m，但受福岛核事故影响，该行动计划难以实施。

目前，日本国内核医学治疗对放射性同位素的需求还在不断增加。核医学治疗的恶性肿瘤病例在1997年到2017年的20年间增加了约4.5倍。随着2021年JAEA拥有的JRR-3研究堆恢复运行，面向钼-99和锝-99m生产的辐照试验也正在开展。同时，“常阳”实验快堆也正在开展针对恢复运行的调试工作。如果该堆恢复运行，则有望利用其生产锕-225，应用该放射性同位素的药剂在治疗前列腺癌方面因其显著效果而备受关注。

## 3. 行动举措

该行动计划提出了四大目标，力争在10年内全部完成：一是通过钼-99和锝-99m的部分国产化构建稳定的核医学诊断体系。二是向接受核医学治疗的患者提供国产放射性同位素。三是在医疗一线普及核医学治疗。四是在医用放射性同位素领域打造日本“优势”。为此，该行动计划提出以下四方面行动举措。

### (1) 推进钼-99、锝-99m、锕-225、砹-211 四种重要放射性同位素的国产化和稳定供应工作

目标为：一是对于钼-99 和锝-99m，应尽可能在 2027 财年 内通过研究堆生产能满足约 3 成国内需求的产量，并供应给国内使用。二是对于锕-225，计划在 2026 财年前使用“常阳”实验快堆对生产工艺进行示范。三是对于砹-211，计划在 2028 财年验证放射性药物$^{211}$At-NaAt 的有效性。

举措包括：

钼-99 和锝-99m。一是打通 JRR-3 产钼-99 和锝-99m 的分离、提取、浓缩等技术环节，构建政府、同位素生产方、制药企业间的协作体制，确保 2023 财年前打通 JRR-3 产钼-99 和锝-99m 的供货渠道。二是 JAEA 在 2025 财年前开始向相关制药企业供应研究堆 JRR-3 产的钼-99 和锝-99m，实现供应量占全年国内需求量两到三成的生产目标。三是推进制药企业自行使用加速器产放射性同位素等新工艺，并要求厚生劳动省进行药物认证审查、修改放射性药物标准等。四是当钼-99 和锝-99m 遇突发情况无法按规定正常运输时，国土交通省可在考虑安全因素的前提下灵活运用制度继续运输。五是参与制定国际供应链的探讨，以确保在满足国内需求且尚有盈余的前提下实现对外出口。

锕-225。一是以利用锕-225 的 α 射线靶标同位素制剂的早期药物申请为目标，加快启动临床试验的步伐。通过生产方、政府、研发方三者的合作，开始正式使用加速器生产锕-225。二是在“常阳”实验快堆恢复运行前，由 JAEA 牵头进一步探讨保障锕-225 的原料镭-226 的供应方案，包括与国际供应网络的对接，以应对未来不断扩大的需求。三是鼓励灵活利用竞争性研究经费等制度，促进大学和研究机构针对锕-225 的靶向同位素治疗开展多种工艺研发。

砹-211。一是通过竞争性研究经费等机制支持大学和研究机构开

展砹-211放射性药物的相关基础和应用研发，并扩展非临床领域的研发。二是通过“短寿命放射性同位素供应平台”等项目构建砹-211的生产供应网络，实现砹-211的稳定供应。三是加强从砹-211生产到新型放射性药物制备的全工艺流程的知识产权保护，从而维持和发挥日本的“优势”。

### (2) 完善医疗一线放射性同位素应用的制度和体制

目标为：一是在2030财年前，将接受核医学治疗，包括使用今后新引进的核医学治疗药物的平均等待月数控制在平均2个月的水平。二是调查其他国家对钍-227的应用及监管情况，从国家层面讨论是否要修改法律法规，并得出结论。三是在推广使用方面，理清是否采用与现存的PET制剂相同的储存管理机制来储存镓-68PET制剂的问题。在此基础上，从国家层面讨论是否要修改法律法规，并得出结论。

举措包括：

完善可开展核医学治疗的病房。一是继续推进使用采取了适当防护措施和防污染措施的普通病房，即“特殊措施病房”，减少开展核医疗所需的大规模设施改造和维护经费。二是鼓励学术协会和相关公益法人向医疗机构宣传和普及特殊措施病房的使用事宜。

完善核医学治疗新药应用的制度和体制。一是调查国外钍-227的应用情况和管制情况，同时与管制方合作梳理出日本国内的临床试验方法和作为药物的应用形态、这些应用形态各自的钍用量、安全保障方案等。在此基础上，从国家层面探讨是否需要修改法律法规，并得出结论。二是就PET4核素之外的镓-68等PET制剂是否采取与现有PET制剂相同的储存管理体制进行梳理，从国家层面探讨是否需要修改法律法规，并得出结论。三是针对以镥-177药物为代表的海外新型放射性药物在本土的用药申请，应当在用药审批、放射性药物标准的修改等方面采取适当应对措施。

### (3) 推进放射性同位素的国产化研发

目标为：一是在 2025 财年前，掌握利用研究堆等生产钼-99 和锝-99m 的国产化技术，力求满足约三成的国内需求。二是在 2026 财年前完成“常阳”实验快堆生产锕-225 的工艺验证，并采取一系列举措建立锕-225 国产化所必须的体制。三是在 2023 财年前完善核医学治疗药物非临床试验的相关指南。

举措包括：

推进有助于放射性同位素生产和应用的研究。一是从国家层面和长远角度出发，为设施完善、技术开发、燃料采购、乏燃料管理等所需的经费和人力提供支持。二是搭建“短寿命放射性同位素供应平台”，使具备研究堆和加速器生产放射性同位素能力的机构形成网络，并促进这些机构与利用放射性同位素的研究人员之间进行匹配。三是从国家层面促进放射性同位素的生产者-研发者-政府三方间的合作，并完善用于非临床试验和临床试验的设备。四是发挥风投企业在推动大学和研究机构的研究成果转化中的作用，鼓励中央政府和地方政府采取灵活的支持措施，加快研究成果转化的速度。

完善放射性药物非临床试验相关制度。一是厚生劳动省应在 2023 财年前制定核医学治疗药物非临床试验的相关指导方针。二是关于在非临床试验阶段中以接受放射性同位素给药的动物等为代表的、含有放射性同位素试料的处理，在 2024 财年前理清开展研究的具体方法、安全保障措施及要求修改相关内容时的管制措施等。在此基础上，从国家层面探讨是否需要修改法律法规，并得出结论。

### (4) 强化放射性同位素生产和应用的研究基础、人才以及网络

目标为：一是在关注与禁止垄断法等法律法规之间关系的同时，探讨统筹日本国内外供需双方的必要能力，在 2023 财年前确定工作的方向，在 2025 财年前建立和完善相应的体制。二是重新考虑必须进行

焚烧、固化、存储和处置的医用放射性污染物的解决方案，建立和完善与处置合理化相关的规定。

举措包括：

培养从事放射性同位素生产和应用的人才。一是探讨包括加速器、研究堆、放化处理设施在内的多种设施间人才培养交流合作方式。二是在修订药学教育模式核心课程的相关讨论中，探讨放射性同位素相关教育教学的定位。三是灵活运用核医学专科医生、诊疗放射技师、医学物理师等与核医学治疗相关的医疗工种，特别是针对医学物理师，医院必须完善相关机制，更加积极地聘用专职人员。

强化推进放射性同位素国产化的供应链。一是研究制定鼓励本土制药企业使用国产放射性同位素的激励机制，以便在与国外产品的竞争中获胜。二是在放射性同位素流通相关的国际合作中采取战略性的措施，包括参与双边合作，参加国际供应链框架的规划，探讨发生供应问题时的替代手段等。三是在废物的处置方面切实推进掩埋设施的布局等工作，在项目选址同时要探讨有助于与当地和谐共存的措施，例如利用放射源和放射性同位素开展与先进医疗、农业、工业等相关的研究活动等。

### 4. 小结

目前，欧洲和美国都制定了放射性同位素供应战略，并正在实施相关项目，加速构建基于研究堆和加速器的放射性同位素生产和供应网络。日本国内所需的许多放射性同位素尚不能实现国产化供应，特别是医疗诊断中应用最多的钼-99/锝-99m 由于种种原因全部依赖于进口。在此背景下，日本发布了“推进医用放射性同位素生产和应用的行动计划”。

日本将通过推动钼-99、锝-99m、锕-225、砹-211 等重要放射性同位素的国产化和稳定供应工作，在放射性同位素领域打造“日本优势”，构建稳定的核医学诊疗体系。计划到2027财年，日本国产的钼-99将可以满足本国约30%的需求，在2026财年前使用“常阳”实验快堆对锕-225生产工艺进行示范。在2030财年前缩短核医学治疗等待时间，并从国家层面完善核医学治疗药品审批和管制制度。另外，还将培养从事放射性同位素生产和应用的专业人才，强化推进放射性同位素国产化的供应链。通过多方合作切实推进医用放射性同位素的国产化研发和供应，不断提升国民福祉，保障经济安全。

（中国原子能科学研究院

刘乙竹、龚　游、王新燕、杨　涛、夏　芸、喻　宏）

# 四十七、食品稳定同位素国外进展

食品溯源技术主要有稳定同位素技术、矿物质元素分析技术、近红外光谱技术和标签溯源技术等。其中稳定同位素技术准确度高、无污染且灵敏度高，能够提供科学的、独立的、人为无法改变的随整个食品链流动的身份鉴定信息，已经成为美国分析化学家学会（AOAC）和欧盟标准委员会（CEN）认可的食品质量控制方法，是今后食品安全领域不可缺少的一种技术，尤其是在食品掺假识别和农产品产地溯源领域，2021 年，国际原子能机构（IAEA）召开了稳定同位素标准物质及相关产品开发技术会议，会议结束后，国际原子能机构发布了碳、氮、氢、氧稳定同位素测定结果的最低要求，为了确保公布数据的有效性和可重复性，需要对分析技术、可追溯性、数据处理和不确定性评估进行全面描述。从 20 世纪 80 年代开始，国外就已经将以 C、N、H、O 等为主的同位素指纹分析广泛应用于葡萄酒、乳品等特色农产品、食品原料的产地溯源和品牌鉴别与产权保护工作。至本世纪初，欧盟和联合国粮农组织、世界卫生组织、国家原子能机构等进一步组织开展食品溯源技术联合研究，将稳定同位素分析技术应用于更多食用农产品及食品的产地溯源与真实性识别，如橄榄油、牛羊肉、禽肉、名贵水产品等。近年来，受疯牛病、口蹄疫、禽流感等流行病的影响，用稳定同位素分析技术判断畜禽肉制品产地的研究也日渐增多。

在市场应用方面，Oritain 公司是目前国际上一家主业务提供溯源服务的规模比较大的公司，目前拥有英国、美国、新西兰、瑞士以及澳大利亚五大办事处。该公司主要采用稳定同位素、微量元素等验证原产地，并建立独立的、不能复制或篡改的产品来源化学指纹的公司，Oritain 验证是一种将包装上的原产地声明与产品本身建立联系的工具，展示了该公司对高质量和安全标准的承诺，一定程度上保证了全球范围内供应链的最高安全水平。自 2008 年以来，该公司一直与食品、制药和服装等行业的公司合作，为产品的来源提供科学的确定性，目前已与 38 家需要溯源服务的公司建立合作，其中涉及纤维，乳制品，肉类，园艺，蜂蜜，水产养殖，鸡蛋和制药等系列领域。据了解，Oritain 公司溯源采用的技术起源于刑事法医领域，已用于多项调查，其溯源侧重点在于跟踪产品，而不是包装、条形码或交易数据，科学地验证了产品和原材料的特定来源，还可以帮助验证支持产品的可持续性声明。与其合作的品牌都经过了 Oritain 独立、科学的抽样和分析，以科学地验证产品是否与其声称的原产地一致。在过去的 20 年里，这种方法已经过彻底的同行评审，并符合 Daubert 法院可受理的标准。

2000 年以来，我国科研人员在一些大宗商品如牛羊肉、鸡肉、小麦、葡萄酒、蜂蜜和地理标志产品如西湖龙井茶等产地鉴别方面开展了工作，已经形成了以中国农业科学院农业质量标准与检测技术研究所、浙江省农业科学院等为领头单位的科技队伍，在有机农产品、茶叶和蜂蜜产地溯源等方面取得了新技术、示范区、数据库和标准专利等系列成果。近几年，在科技部国际合作项目、国家质量基础的共性技术研究与应用项目、国际原子能机构协调研究计划及技术合作项目的支持下，围绕稳定同位素溯源数据库构建、标准和标准样品制定等方面开展了创新性工作，取得了重要的进展。

（中国农业科学院农业质量标准与检测技术研究所
赵　燕）

# 核 聚 变

# 四十八、全球迎来聚变能研发热潮

2022 年 3 月 17 日，美国白宫科技政策办公室和能源部在白宫联合举办首届聚变峰会，召集来自政府、行业、学术界和其他利益相关方的领导人，共同探讨聚变技术发展前景及其面临的挑战。美国政府在此次峰会上宣布，全球迎来聚变能研发热潮，未来十年是关键发展期，将领导相关各方制订和实施聚变能发展战略，加速这一清洁能源技术的商业化进程。

聚变能被视为终极能源，能够帮助人类摆脱对化石燃料的依赖、进入全新的能源时代。但聚变能实现商业化应用需要解决诸多技术和工程难题，被美国国家工程院评为人类在 21 世纪面临的 14 大科技挑战之一。

近年来，受益于长期研究的积累及相关科学技术的进步，聚变技术在全球范围内迎来一波研发热潮。除了政府资助项目，全球 30 多家私营企业正在开展聚变技术研发，提出了多种有助于实现聚变堆小型化的新方案，并积极推进多座聚变示范设施建设。私营企业 2021 年聚变能研发投资超过 25 亿美元。许多公司认为，21 世纪 30 年代实现聚变能商业应用是一个可以实现的目标。目前处于研发阶段的聚变技术主要分为五大类：磁约束聚变、惯性约束聚变、场反向位形（FRC）对撞聚变、磁化靶聚变和 Orbitron 聚变。

## 1. 磁约束聚变技术研究广泛，多座重要设施将于本世纪 30 年代投运

磁约束聚变是指用磁场把由氘、氚等氢原子核和自由电子组成的、处于热核反应状态的超高温等离子体约束在有限空间内，使其发生受控聚变反应，释放能量。自 20 世纪 60 年代中期以来，各国先后建成数百座磁约束聚变研究装置，涉及多种技术，包括托卡马克、仿星器、反场箍缩、磁镜、多级场等，其中托卡马克是研究最广泛的一项技术。迄今全球已建成 200 多座托卡马克研究装置。至少 4 座新型托卡马克实验堆或示范电厂正处于建设或筹建阶段，将在本世纪 30 年代投运。

欧盟、中国、印度、日本、韩国、俄罗斯和美国正在法国卡达拉奇联合实施国际热核聚变实验堆（ITER）项目，目标是建设一座 50 万千瓦托卡马克聚变实验堆，探索和平利用聚变能发电的科学和工程技术可行性。根据目前的时间表，第一个等离子体计划将于 2025 年实现，氘氚聚变实验将于 2035 年开始。

英国政府在 2021 年 10 月发布的《英国聚变能发展战略》中指出，将在 2040 年前建成 STEP 原型聚变电厂，验证聚变能发电的商业可行性。STEP 拟采用球型托卡马克技术，其建设计划将分为三个阶段：第一阶段是到 2024 年完成概念设计；第二阶段将进行工程设计及技术研发，并取得启动建设所需的所有审批许可；第三阶段将开展原型电厂建设。英国政府正在开展 STEP 选址工作，已明确五个候选厂址，将于 2022 年 12 月选定最终厂址。

美国联邦聚变系统公司和麻省理工学院正在开展强磁场托卡马克聚变技术研究。一般而言，托卡马克装置聚变功率与磁场强度的四次方成正比，即磁场强度增加 1 倍，聚变功率可提升 16 倍。因此，提高磁场强度可以大幅提高聚变堆功率或缩小聚变堆体积。两家机构 2021

年 9 月联合宣布，已首次将大型高温超导电磁体磁场强度提升至 20 特斯拉，这是全球同类磁体创造的最强磁场。两家机构正在合作建设一座名为 SPACE 的紧凑型强磁场聚变示范装置，预计将于 2025 年实现聚变反应的能量净输出。两家机构还计划于 21 世纪 30 年代初建成首座聚变电厂。

英国托卡马克能源公司正在开展带有高温超导磁体的球形托卡马克研究。该公司 2022 年 3 月宣布，其原型聚变装置 ST40 已实现 1 亿摄氏度的等离子体温度——实现受控核聚变必须达到的温度。这是球形托卡马克装置首次达到这一重要里程碑。该公司正在建设一座带有整套磁体的测试设施，未来将测试所有高温超导磁体的相互作用及其在托卡马克系统中的应用。该设施拟于 2022 年建成投运，目标是在 21 世纪 30 年代初完成技术示范。

### 2. NIF 向“点火”迈进，弹丸聚变中试厂计划于本世纪 30 年代初建成

惯性约束聚变是利用高功率脉冲能束均匀照射微球靶丸，由靶面物质的消融喷离产生的反冲力使靶内聚变燃料（例如，氘、氚）快速地爆聚至超高密度和热核温度，从而促发聚变反应。

目前全球最大的惯性约束聚变研究装置是美国国家点火装置（NIF）。NIF 长约 200 米，宽约 85 米，主要由两部分——即 192 路高能量激光系统和直径 10 米、重约 450 吨的靶室——组成，2021 年 8 月在实验过程中获得了创纪录的 1.35 兆焦能量，比 2020 年的最高能量提高 24 倍，2022 年 12 月 5 日又在 2.05 兆焦激光能量下产生 3.15 兆焦聚变能量，首次实现聚变产生能量超过激光能量，是核聚变研究的一个重要节点。

英国第一光聚变公司 2022 年 4 月宣布，其弹丸聚变研究设施近期

首次实现了聚变反应，验证了弹丸聚变的技术可行性。这一结果已得到英国原子能管理局的独立核实。弹丸聚变是一种新型惯性约束聚变技术，使用高速弹丸撞击靶丸，使靶丸内部的燃料发生内爆，引发聚变反应。因为其不需要使用复杂且昂贵的激光器或磁体，被认为是一条简便且廉价的聚变能商业化路径。该公司计划在 21 世纪 30 年代初建设 15 万千瓦中试聚变电厂。

### 3. FRC 对撞技术适于建设小型聚变堆，原型电厂有望 2030 年并网

FRC 对撞聚变技术是建设小型商业聚变堆的有力候选者，其原理是：在一个水平放置的圆柱体两端产生 FRC 等离子体，然后利用磁场驱动等离子体从两端快速向柱体中央移动，并在中央位置发生碰撞，引发聚变反应。两家美国企业 TAE 技术公司和 Helion 能源公司正在开展该方面研究。

TAE 技术公司 2021 年 4 月宣布，其第五台等离子体发生器“诺曼”已产生超过 5 000 万摄氏度的稳定等离子体温度。该公司拟使用的聚变燃料是氢和硼。氢硼聚变被认为是最清洁的聚变反应之一，因为其燃料和产物均不含放射性物质。该公司计划未来建设两座设施。一座是等离子体发生器“哥白尼”，计划于 2025 年投运，在超过 1 亿摄氏度工况下运行，模拟传统氘氚燃料循环的净能量生产。另一座是名为“达芬奇”的全球首座氢硼聚变能原型电厂，计划于 2030 年并网发电。

Helion 能源公司 2021 年 6 月宣布，其第六台原型聚变发生器“特伦塔”已实现超过 1 亿摄氏度的稳定等离子体温度。该公司因此成为全球首家实现这一里程碑的私营聚变能研究企业。该公司准备采用的聚变燃料是氘和氦－3。氘和氦－3 的聚变反应产物无中子，反应过程

易于控制，有助于进一步降低聚变堆体积。Helion 能源公司 2021 年 7 月在华盛顿州埃弗雷特正式启动其第七台原型聚变发生器“北极星”的建设。该设施将于 2022 年建成，并于 2024 年实现聚变反应的能量净收益。

### 4. 磁化靶技术完成验证，示范厂将于 2025 年投运

磁化靶技术起源于美国海军研究实验室 20 世纪 70 年代提出的 LINUS 概念，主要原理是：将氘氚等离子体团注入到一个液态金属的自旋涡流中，然后用一组活塞向内挤压。如果这种挤压在几微秒内完成，等离子体团就会向心聚爆，引发聚变反应。

加拿大通用聚变公司 2022 年 1 月宣布，其等离子体压缩原型装置已成功验证磁化靶技术的关键要素，证明了其技术可行性。该公司 2021 年 6 月与英国原子能管理局签署合作协议，将在卡勒姆园区建设并运营一座聚变示范厂。预计该示范厂将于 2022 年启动建设，2025 年投入运行。

### 5. Orbitron 技术适于制造微型聚变装置，已获得美国国防部资助

Orbitron 聚变技术于 2020 年首次提出。该技术使用静电场捕集聚变离子，利用磁控管电子约束机制来克服电荷密度限制，不需要使用大型磁体或激光器，可用于制造手持式微型聚变装置。单个装置的功率为 5 千瓦至 15 千瓦；可将数百个装置组合在一起，获得兆瓦级电源。

美国阿瓦兰奇能源公司正在开展 Orbitron 技术研发，并于 2022 年 5 月与美国国防部国防创新机构签署协议，将研发供小型航天器使用的核推进和电力系统，目标是 2027 年进行空间示范。国防创新机构是

国防部在硅谷设立的一家机构，专门负责与私营企业开展合作。

### 6. 小结

聚变能是能源领域的游戏规则改变者，其商业化应用面临着极为严峻的工程和技术挑战。经过数十年发展，聚变技术已成为全球能源技术的研发热点之一。近年来，除了传统托卡马克磁约束聚变和惯性约束聚变能研究取得重要进展，全球还涌现出许多有助于实现聚变堆小型化的新技术方案，例如强磁场托卡马克、弹丸聚变、FRC 对撞聚变、Orbitron 技术等。聚变燃料的研究范围也得到拓展，从传统的氘氚聚变拓展到氢硼聚变和氘氦-3 聚变。美国认为，聚变能商业化应用研究已达到一个重要节点，未来十年是聚变能发展的关键时期，因此美国政府将推动相关各方加强合作，形成合力，共同推进聚变能的商业化进程。

（中核战略规划研究总院<br>伍浩松）

# 四十九、美国能源部宣布惯性约束聚变新进展

2022 年 12 月 13 日，美国能源部宣布国家点火装置（NIF）首次实现聚变能量首次超过输入激光能量的新进展，引起广泛关注。

## 1. 此次实验取得的进展

2022 年 12 月 5 日，劳伦斯利弗莫尔国家实验室的研究团队在国家点火装置进行的受控聚变实验中，激光器给靶腔输入 2.05 兆焦能量，产生了 3.15 兆焦的聚变能量，首次获得了“净能量增益”，即聚变反应产生的能量超过激光能量。

这次实验中，192 路紫外线激光照射靶腔，靶腔外层的金属金在激光照射下释放 X 射线，使金刚石靶腔壳体迅速气化发生内爆，快速压缩并加热靶腔内部的氘和氚，实现聚变反应。装置内的诊断设备测量并记录了相关实验数据。根据此前披露的信息，实验中能量输出高于预期，导致了部分诊断设备损坏。实验后的分析显示，聚变反应释放能量大约 3.15 兆焦，超过激光射入能量的 54%，达到了过去最高记录 1.3 兆焦的两倍多。

此次实验是在 2021 年 8 月实验取得突破的基础上做了改进。2021 年 8 月实验中，靶腔聚变产生的能量达到了激光入射能量的 70%。为筹备 12 月 5 日这次实验，研究人员改进了靶腔设计，包括减小了靶腔

的球形对称性、增加金刚石厚度，同时把激光能量从 1.9 兆焦提高到 2.05 兆焦，还调整了 192 个激光束的能量分布，从而提高内爆压缩的对称性。

不过，上述能量增益是局部的，从装置整体考虑则并没有实现能量增益。由于激光器本身的效率不高，装置产生 2.05 兆焦激光能量，耗费了高达 322 兆焦的电力。因此，这次实验中聚变反应释放的能量还不足消耗电力的百分之一。

### 2. 国家点火装置相关背景

国家点火装置是冷战结束后，美国政府暂停核试验并实施库存管理计划之际，为加深研究核武器基本原理研究而投资兴建的一座大型前沿科学研究装置，也是推动基础科学前沿、先进能源技术的科学重器。

美国劳伦斯利弗莫尔国家实验室是美国三大核武器实验室之一。该实验室科学家早在 20 世纪 60 年代就提出了利用激光实现惯性约束聚变的初步构思，几十年来建造了多个大型激光设施来推动这方面研究，最高成就是国家点火装置。

国家点火装置 1997 年开建，2009 年建成，总耗资 35 亿美元。装置整体长 200 米，宽 85 米，主要由 192 路激光束组成的激光系统和直径 10 米、重约 450 吨的靶室两部分组成，可产生超过 2 兆焦的能量，峰值功率超过 500 万亿瓦。

装置建成以来，一直持续改进技术方案，提升能量产出，同时进行了大量极端条件材料研究，支持核武器库存管理计划。美国对惯性约束聚变相关研究的年均经费投入约 5 亿美元，2023 财年达到历史最高的 6.24 亿美元。

### 3. 小结

国家点火装置是美国核武器库存管理计划中的重要科学设施，也是美国在不进行核试验的情况下，保持核武器研发设计能力、确保核武库安全可靠的重要手段。此次取得的进展受到美国政府高层高度肯定，美国能源部长、白宫科学和技术政策办公室主任、国家核军工管理局局长等均出席发布会，美国多位议员表示，“必须加大努力、加速研究”“将继续为国家点火装置提供充足的经费以支持聚变研究的进展”“确保研究团队继续开展这项重要研究所需的全部工具和经费”。此次进展将加大美国国会与政府对于惯性约束聚变的信心和投入，推动美国惯性约束聚变研究进一步发展。

（中核战略规划研究总院
袁永龙、魏可欣、孙晓飞、刘　渊）

# 核 安 全

# 五十、美国全面审查国家核军工管理局网络安全风险管理情况

近年来随着核力量现代化的推进，美国核武器装备正在集成更多的数字系统，生产设备和过程更加自动化，同时也愈发依赖先进的计算能力评估和预测核武器性能。因此，核武器研发生产的网络安全引起越来越多的关注和重视。2022 年 9 月 22 日，美国政府问责办公室（GAO）在对负责核武器研发生产的国家核军工管理局的网络安全风险管理情况进行了近 3 年审查后，公布了审查情况，敦促国家核军工管理局加强网络安全风险管理和对承包商的监管。

## 1. 美国核武器研发生产的数字环境

美国能源部国家核军工管理局下有 8 个设计、生产、测试核武器的实验室/场址，由 7 家承包商管理和运营，数千家分包商向承包商提供服务和设备。

国家核军工管理局下涉及核武器研发生产的数字环境有 3 种。一是传统信息技术（IT）环境，涵盖国家核军工管理局内的所有计算平台，包括通用计算系统、云系统、超级计算机，以及支持核武器系统设计、部件设计、建模、仿真等开发活动的信息系统等。二是操作技术（OT）环境，指核武器生产设备、生产流程中涉及的硬件和软件，

包括工业控制系统、监控和数据采集系统、测试系统等。三是核武器信息技术（NW-IT）环境，指核弹头或核航弹内应用的信息技术，包括支持核武器库存监视、飞行测试、兼容性测试等活动的所有配置。

## 2. 美国核武器研发生产的网络安全管理体系

美国白宫行政管理和预算办公室在国土安全部支持下总体监督全美国的网络安全，并与国家网络安全主任办公室共同协助各机构规划网络资源、制定预算。国防部下的国家安全系统委员会对涉及国家安全系统的网络安全事务进行指导。商务部下的国家标准与技术研究院负责制定具体的网络安全标准和指南，为各机构的网络安全风险管理提供参照。

美国能源部国家核军工管理局下设信息管理办公室和国防项目办公室，信息管理办公室总体负责网络安全工作和传统 IT 环境、OT 环境的网络安全监管，国防项目办公室负责 NW-IT 环境的网络安全监管。能源部和国家核军工管理局在行政管理和预算办公室、国家安全系统委员会和国家标准与技术研究院的相关政策和指南基础上，制定了更详细的网络安全要求，并在向承包商下达的合同中规定其遵守这些要求。国家核军工管理局的地方办事处负责监督承包商。

## 3. 国家核军工管理局的网络安全风险管理现状

政府问责办公室根据《2020 财年国防授权法》要求，采取调阅相关指令、计划、规章制度、风险评估报告等文件，与相应官员和承包商代表访谈的方式，对国家核军工管理局执行网络安全风险管理办法的情况，以及对分包商网络安全的监督管理情况进行了审查。

### (1) 国家核军工管理局未全面执行基本的网络安全风险管理办法

政府问责局从行政管理和预算办公室、国家安全系统委员会和国家标准与技术研究院制定的相关政策和指南中选取了 6 项基本的网络安全风险管理办法（以下简称“基本管理办法”）：① 确定相关人员或团队的角色和职责；② 制定并保持执行网络安全风险管理策略；③ 记载并更新网络安全政策和计划；④ 评估和更新网络安全风险；⑤ 确定并发布安全控制措施；⑥ 制定并保持执行网络安全持续监控策略。政府问责局对基本管理办法在各个数字环境中的执行情况进行了评估。

在传统 IT 环境，基本管理办法得到较好执行。国家核军工管理局完全执行了 4 项基本管理办法的要求，但未能按基本管理办法③的要求在规定时间内更新网络安全政策和计划，制定的网络安全持续监控策略未能涵盖基本管理办法⑥的所有要素。各承包商均完全执行了基本管理办法③、④、⑤的要求，但部分承包商未能完全执行基本管理办法①、②、⑥的要求。

在 OT 环境，基本管理办法均未能充分执行。OT 环境包含数十万个可能面临网络安全风险的系统，非常庞大和复杂。在 OT 环境中确定和管理网络安全风险的方法通常与传统 IT 环境不同，OT 环境的系统也可能缺乏传统 IT 环境中系统具有的加密、报错记录和密码保护等设计。按能源部要求，国家核军工管理局应根据基本管理办法专门制定针对 OT 环境网络安全风险的管理措施。但由于经费和人手有限，国家核军工管理局近几年来在此方面进展缓慢，目前仍按照针对传统 IT 环境的网络安全风险管理措施管理 OT 环境，无法有效应对 OT 环境当前面临的网络安全风险。

在 NW-IT 环境，基本管理办法正得到逐步执行。目前，国家核军工管理局已按基本管理办法①的要求确定了相关人员或团队的角色和职责，其余几项基本管理办法也正在逐步执行。国家核军工管理局称可能到 2024 年才能完成在 NW-IT 环境中全面执行基本管理办法各项要求的目标。

(2) 各实验室/场址承包商未能对分包商的网络安全进行持续监督

国家核军工管理局在向承包商下达的合同中要求承包商对分包商的网络安全措施进行监督，但实际上承包商并未始终如一地执行该项要求。一是由于国家核军工管理局未向承包商清楚阐明此项要求，堪萨斯城国家安全园区、洛斯阿拉莫斯国家实验和内华达核试验场的承包商认为其没有合同义务对分包商的网络安全进行监督，部分承包商表示缺乏足够的资源监督众多的分包商。二是由于国家核军工管理局对承包商进行绩效评估时并未强调对分包商的网络安全进行监督的重要性，也缺乏明确绩效标准评估承包商对分包商网络安全的监督情况。目前，国家核军工管理局已制定了加强分包商网络安全的计划。

4. 小结

当前，信息技术已逐步深入到国防工业的各个领域，在提升武器装备科研生产能力的同时，带来的网络安全问题也日益凸显。网络攻击不同于传统攻击，其攻击路径和手段非常隐蔽，经常是逐步渗透、潜伏和控制，因此带来的风险和危害可能不会实时显现。此外，随着信息技术的发展，网络攻击的手段在不断更新，新的网络安全风险不断出现。对于核军工基础设施的网络攻击可能导致机密信息泄露，更严重则可能影响到核武器安全生产，给核武器管理和运用埋下隐患，削弱核力量可靠性。

由于任务分工不同和数字环境差异，科研设计院所和生产单位等不同单位面临的网络安全风险不尽相同不完全相同，各单位对网络安全风险变化的认知程度和防范管理也可能存在差异。因此，我国不仅要在技术手段上加强防范网络攻击的能力，在管理上也需同样紧抓不放，不断更新完善网络安全管理规章制度，提高对网络安全风险变化的认识，加强对网络安全相关要求的落实。

（中核战略规划研究总院
袁永龙、赵　松、张　莉）

# 五十一、英国推进核潜艇退役处置，消除积存核潜艇安全风险

2022 年 2 月，英国防部宣布，将开展德文波特基地核潜艇的退役拆除工作，“勇士”号将成为该基地首艘被拆卸的核潜艇。英国现有 21 艘核潜艇等待退役拆除，经过多年准备，2016 年以来已在罗塞斯基地初步启动 3 艘潜艇的拆除工作。

## 1. 核潜艇多年搁置，安全、财政等压力日益显著

英国 1960 年至今共建造了 31 艘核潜艇，现役 10 艘，21 艘不再服役的核潜艇中 7 艘存放在苏格兰的罗塞斯基地、14 艘存放在英格兰的德文波特基地，平均存放时间 21 年，最长的已达 42 年。目前仍有 10 艘核潜艇的乏燃料未取出。

大量核潜艇长年搁置，安全、成本、贮存空间等问题日益严峻。英国每年对封存的核潜艇进行一次全面的调查与维护，定期评估潜艇安全状况，至少每 15 年进行一次深层次调查与维护，确保这些核潜艇处于安全状态，消除辐射安全隐患。1980—2017 年为搁置核潜艇投入的费用已达 5 亿英镑。随着这些潜艇不断老化、数量增多，维护费用将继续上涨，财政压力日益严峻。英国国家审计办公室（NAO）估计，一艘核潜艇充分退役的费用约为 9 600 万英镑，未来对已退役和

现役的总计 31 艘核潜艇维护和退役的费用，估计将超过 75 亿英镑。此外，两个封存核潜艇基地的贮存空间也即将达到饱和。

### 2. 退役拆除方案确定，技术和能力仍存在缺口

英国首艘核潜艇服役到 1980 年，20 世纪 90 年代开始迎来核潜艇批量退役。英国国防部 1998 年就开始筹备核潜艇退役处置，2013 年正式启动“潜艇拆除项目”，并确定潜艇拆除流程：**一是卸料**：从反应堆压力容器中取出乏燃料，并将乏燃料运往塞拉菲尔德场址贮存；**二是低放拆除**：拆除蒸汽发生器、稳压器、二回路管道等反应堆舱部件，作为低放废物运往西坎布里亚郡的低放废物贮存场址进行处置；**三是中放拆除**：从反应堆舱中整体取出反应堆压力容器，作为中放废物运往卡彭赫斯特临时贮存场址，最终转移至一个永久的地下地质处置设施（该设施尚未启动建设）；**四是艇体回收**：剩余艇体交付商业造船厂，将有用材料回收。

作为英国核潜艇维护和退役的总承包商，巴布科克集团负责对搁置的核潜艇开展维护和退役处置，已于 2018 年、2020 年完成了罗塞斯基地试点项目“快速”号和“决心”号核潜艇低放拆除工作，目前正在推进“复仇”号核潜艇的低放拆除工作。压力容器取出和运输的具体技术流程尚未获批，预计相关工作 2025 年启动、2026 年或 2027 年完成验证。德文波特基地潜艇退役处置也将启动，“勇士”号将成为德文波特基地首艘进行退役拆除的核潜艇。

### 3. 核潜艇退役处置的辐射安全监管

英国核潜艇全寿期监管涉及多个部门，包括国防部下设的核监管机构国防核安全监管机构（DNSR），政府独立核监管机构核监管办公室（ONR），政府独立安全监管机构健康与安全执行委员会（HSE），

两个区域性环保机构环境署（EA，负责英格兰和威尔士地区）和苏格兰环境保护署（SEPA，负责苏格兰地区）。针对核潜艇退役，上述监管机构根据职责分工开展相应监管。实际工作中，两家涉核监管机构 DNSR 和 ONR 开展大量配合协作。

DNSR 负责搁置核潜艇的监管，在核潜艇退役处置过程中，还负责监管潜艇退役中产生的放射性废物的包装和运输。ONR 作为核潜艇拆除设施以及放射性废物处理、贮存和处置设施的许可证发放机构开展相应监管，包括核潜艇拆除过程、放射性废物管理和处理处置等。HSE 负责管理相关设施建设和潜艇拆除中的工业安全。EA 和 SEPA 负责所在地区相关设施施工运行的工业安全、废物处理处置等，确保排放不超过授权限值。

潜艇拆除启动以前，须向监管部门提供安全证明文件，证明对可能发生的事故情景都进行了评估并采取了合理措施，防止事故发生并将影响最小化。核潜艇退役工作执行 ONR 的职业辐照剂量限值，即 5 年平均的年均剂量不超过 20 毫希弗，任意一年不超过 50 毫希弗。

## 4. 小结

英国采取了与美、俄、法不同的拆除方案。美、俄、法的方案是将潜艇反应堆舱（包含卸料后的压力容器）整体从艇体取出后，整体贮存或处置。英国的方案是将反应堆压力容器从堆舱中单独取出，作为中放废物处置，将反应堆舱其余部分作为低放废物处置。

目前，英国国防部正在推进核潜艇退役拆除的试点项目，开发和验证反应堆压力容器拆除的具体方法。此外，还需建立中放废物减容设施、中放废物永久处置库等必要能力。

（中核战略规划研究总院

金　花、许春阳、蔡　莉）

# 五十二、美国着手世界首艘核动力航母“企业”号退役处置

2022 年 8 月，美国海军发布“企业”号核动力航母退役处置的环境影响声明草案，着手启动世界上首艘核动力航母的退役处置。

## 1. 世界首艘核动力航母退役成难题

“企业”号核动力航母长 342 米，排水量 7.6 万吨，装备了多达 8 个 A2W 反应堆，1961 年服役，2012 年退出现役，2016 年完成乏燃料卸料，船体目前停靠在弗吉尼亚州纽波特纽斯造船厂进行水上贮存。2018 年末，美国海军开始着手其退役处置的环境影响评估。

美国核动力航母退役尚属首次，但核潜艇退役早有成熟流程，也就是由国有造船厂将卸出乏燃料的反应堆堆舱从船体上切割下来，然后整体密封运至能源部汉福特场址的处置场掩埋，其余非核部分回收利用。承担核潜艇退役的国有造船厂有 4 家，包括诺福克海军造船厂、珍珠港海军造船厂及中级维护设施、朴茨茅斯海军造船厂、普吉特湾海军造船厂及中级维护设施。

美国海军在“企业”号航母退出现役之初，原本打算采取核潜艇退役的技术方案处置“企业”号，即反应堆堆舱整体密封后掩埋，其余船体回收利用，但这一方案面临较大挑战。尤其是，作为国有造船

厂的首要任务，核潜艇和核航母日常维护的工作量已经很大且正逐年增加。如果由国有造船厂实施企业号退役，会挤占其有限的基础设施和人力资源，拖延现役核动力舰艇维护进度，减少美国海军作战可用舰艇的数量，削弱全球作战能力。此外，8 个反应堆堆舱整体掩埋的时间周期长、经费成本也非常高。这些问题促使美国海军寻求由私营企业参与“企业”号航母退役处置方案。

### 2. 拟采取由私营企业彻底拆解反应堆堆舱和余下船体的退役处置方案

2022 年发布的环评草案提出了由私营企业参与的退役处置方案，其中首选方案是彻底拆解反应堆堆舱和余下船体，并进行回收利用；备选方案是按照美国核潜艇退役处置的技术方案，进行反应堆堆舱的整体密封处置，余下船体回收利用。

#### (1) 首选方案是由私营企业将反应堆堆舱和余下船体彻底拆解

主要流程包括：一是将“企业”号航母拖至私营设施进行彻底拆解。其中，8 个反应堆彻底拆解将产生约 440 个低放废物运输批次(反应堆压力容器 8 批、反应堆大部件 80 批、反应堆小部件 352 批)，运至低放废物处置设施进行处置。二是将其他废物及可回收材料或设备运至废物处置设施或回收设施。其中，其他废物包括铅屏蔽层、重金属、多氯联苯等危险废物。该方案可以借鉴美国已开展的常规动力航母退役、核电站退役等类似工作的经验。该方案成本估计约 5.54 亿至 6.96 亿美元，工期约 5 年。

私营企业退役海军核动力舰艇，在监管方式上尚属空白。美国海军希望与核管会达成机构间协议，项目实施依照核管会安全标准。核管会负责监督拆除作业、审查项目规划和工程文件、对项目执行情况进行监督并向海军提供有关建议，海军则保留监管权力。另一种方案是项目执行海军核推进计划的安全要求，这些要求与核管会要求一致或严于核管会要求。

### (2) 备选方案是由私营企业切割下反应堆堆舱并进行余下船体的回收利用，由国有造船厂将反应堆堆舱整体包装、在汉福特场址处置

主要流程包括：一是将“企业”号航母拖至私营设施，用切割设备将反应堆堆舱从船体上切割下来，并给堆舱安装水密舱壁进行密封。二是对余下的船体进行回收利用，并将废物及可回收材料运至废物处置设施或回收设施。三是用重载船将密封的反应堆堆舱运至国有造船厂（普吉特湾海军造船厂及中级维护设施），制成 8 个单反应堆堆舱货包或 4 个双反应堆堆舱货包，再用驳船和多轮大载重运输车将反应堆堆舱货包运至能源部汉福特场址整体处置。在干船坞制造单或双反应堆堆舱货包需要约 6 至 8 年或 5 年时间，双反应堆堆舱货包更重、更大，需要对部分基础设施进行改造。该方案成本估计约 11.02 亿～13.58 亿美元，工期可能超过 15 年。

### (3) 如果无限期推迟退役处置，维护成本将日益高昂美国海军还评估了无限期推迟退役处置的方案，也就是让“企业”号继续在纽波特纽斯造船厂无限期水上贮存

该方案要求进行定期检查和维护，包括每年的详细内部检查、每 8 年一次的水下外部检查、每 15 年一次的干船坞检查和维修。维护费用预计每年需要 1 000 万美元，并将随着船体老化增加。该方案不符合美国海军拆除退役航母的政策，不是长久之计。

## 3. 小结

企业”号航母尺度是核潜艇的数倍、反应堆多达 8 个，堆舱尺度大，退役工作量巨大。为降低这一工作的难度和成本，免去国有造船

厂开展反应堆堆舱包装的工作，美国海军打算首次采取直接彻底拆解反应堆堆舱的方案。这一方案将借鉴核电站退役、常规航母退役等类似工作的经验。目前在世界各国海军核动力舰艇退役工作中，只有英国核潜艇的退役明确将采取这种方案。

（中核战略规划研究总院
金　花、许春阳）

# 五十三、国际核安保在新形势下面临的新挑战

核安保是指防范和应对涉及核材料与放射性物质或相关设施的非法转移、盗窃、蓄意破坏、未授权访问等恶意行为。国际社会几十年来在完善核安保体制和措施方面做出大量努力。《核材料实物保护公约》早在1980年开放签署，修订案2005年通过，2016年生效。《制止核恐怖主义行为国际公约》2005年通过。2010—2016年，在美国政府倡导下，各国首脑先后召开四次核安全峰会。2022年3月，《核材料实物保护公约》首次修订案缔约国大会召开，审议了国际核安保的最新形势与履约良好实践。

全世界增进核安保的意识和措施近些年来得到空前加强，但新兴技术与能力、核能的新应用、新冠疫情和涉及核设施的地区冲突等也在近年来快速发展演变，给国际核安保带来新的机遇和挑战。

## 1. 对核设施遭受网络攻击的风险已经形成共识，各国应对措施正在起步

网络攻击对核设施的威胁各国已经形成共识。本世纪以来，已有许多案例证明了网络攻击可给核设施造成破坏或者形成风险。如震网病毒大规模破坏伊朗离心机等。较近的一次是印度核电站的计算机系统在2019年发现存在恶意软件。

网络攻击开创对核材料核设施攻击的新手段、新方式，完全不同于传统威胁。网络攻击可作用于针对核安全（包括仪器和控制系统）、核材料衡算和控制、核安保或应急响应（包括通信和警报系统）的所有计算机系统和网络，给传统核安保防护体系带来巨大冲击。特别是近年来，核工业越来越多采用先进数字化与智能化的技术提高核设施运行效率。这些新技术暴露于网络威胁的可能性也会加大。此外，网络攻击威胁与其他传统设计基准威胁结合使用形成的混合攻击，可能具有更大破坏力和危害。国际社会和有核工业的国家已经开始重视，着手更新相应对策手段。如美国核管会已从2021年开始对《核动力堆网络安全计划》修订案第1版进行审议，英国政府2022年5月公布了《2022民用核领域网络安全战略》。

## 2. 无人机等其他新兴技术的核安保风险正引起重视

像网络攻击一样，许多新兴技术的发展与应用可能以各种方式给核安保带来新的隐患，近年来正在引起重视。例如《核材料实物保护公约》修订案缔约国大会的筹备会议就提出将一批值得关注的新兴技术纳入核安保“普遍情况”，包括增材制造、无人机、人工智能、增强型数据分析、5G通信技术、生物测定学等。这些新兴技术本身也在发展中，应用于核工业有望提升效率、降低成本。一些新兴技术本身具有加强实物保护的潜力，如将智能识别、监测、大数据、机器人等技术应用于核安保，有利于提升核安保的纵深防御，是核安保设备发展的方向。但新兴技术在带来新机遇的同时会以什么方式带来核安保的风险，譬如可能遭到网络攻击而成为薄弱环节，这些问题还需要更深入的研究和揭示。

无人机是新兴技术中对核安保有明显的影响一种。一方面，核设施运营方可将无人机作为一种机器人工具用于核安保方面用途，譬如借助无人机实现覆盖广、全天候、持续性的监测能力。无人机已经用在核场址辐射探测等领域，起到提高效率、降低人工作业强度的作用。但核设施使用的无人机也会成为网络攻击等敌对行为的目标。另一方面，敌对方使用无人机给核设施带来物理安全威胁的案例也屡见不鲜，这些无人机还可以作为运载平台搭载网络、电磁等各种具有毁伤力的能力，给核设施构成更复杂的威胁。针对防御敌对无人机攻击，主要是考虑加强核设施上空飞行器的探测和防御，防止其对核设施和核材料造成威胁。

### 3. 新型核能技术应用需要同步完善核安保体制和措施

全球正迎来新型核能技术的新一轮发展。新型反应堆和燃料技术为提升核能资源效能、安全性、经济性等带来新的可能。新型核能技术发展和应用的同时，也要同步解决核安保方面的新挑战。

浮动反应堆是近年来率先应用一种新技术。俄罗斯建造的世界上首座海上浮动核电站“罗蒙诺索夫院士”号 2019 年在造船厂完成安装，随后从俄罗斯西北部被拖船运送到远东地区的佩韦克，2020 年正式商业运行。浮动核电站的核安保威胁除了可以来自岸上，还可以来自水上和自水下。例如水中的无人船、无人潜航器和空中的无人机一样，可给浮动反应堆构成风险。对此，需要开发多种探测方式互相配合的手段，建立完善的水中和陆上的防护能力。值得关切是浮动反应堆从一地转移到另一地的过程。这一转移过程可能会带来核安全和安保风险。

小型反应堆、微型反应堆也是近期新型核能技术的发展热点。其中小尺度的反应堆也将具有和浮动核电站类似的可移动性能，特有核安保关切主要涉及到未来可能有携带核燃料的整堆进行运输的情形，包括水上、陆上、空中运输场景。如果是带有核燃料的整堆，通过陆上、空中运输，目前在运输技术和标准规范上还有待完善，可能增加核安全和核安保的新的风险点。

核能领域其他发展热点还包括快堆、高温气冷堆、核燃料再循环等设施。这些新堆型和新设施中一些新的技术特性，也需要在核安保角度进一步考察可能出现的新挑战。如新型反应堆设想使用更高富集度的核燃料或含钚燃料，可能对实物保护提出新要求。高温气冷堆与传统压水堆换料方式不同，其核材料衡算需要采取新方法。核燃料再循环设施涉及到复杂的放射性技术工艺流程，如果扩大应用的规模，核安保上需要识别安保要害部位，加强实物保护、制定相应措施等。

### 4. 新冠疫情可能给核安保带来临时性的压力

近几年国外疫情期间经验显示，疫情发生有可能给核设施运行造成中断或推迟，给核建设项目造成拖期和超支。物流中断、医学或研究设施的停工等，也给放射源、加速器等设施造成潜在风险。疫情涉及的居家工作、人员之间保持安全距离等要求，影响核设施运营团队的工作安排，降低人员配备，影响安全监管等。这些又都给核安保带来潜在的影响，可能产生一些薄弱环节。

### 5. 小结

近年来，网络、无人机、人工智能等新兴领域技术开发和应用进展迅速，核工业也正在积极发展和部署新型核能技术，同时，新冠疫情不时给核工业营运带来挑战，核设施所在地区面临国际冲突，这些新形势正在给核安保带来新的潜在挑战和机遇。

第一，核安保的潜在风险呈现多样化、跨领域和多因素交织的趋势，如各类新兴技术应用伴随的风险、实体空间和网络空间的交织风险，新型核技术因特定属性伴随的风险等。世界范围的网络攻击对核设施构成威胁已不时发生，对网络攻击的防范问题也已经形成共识并取得了不少进展。许多新的动向所带来核安保威胁的性质特点，还有待研究和深化认识。

第二，多因素叠加的核安保风险值得关注和防范。两种或者多种威胁手段或者不利因素叠加带来的风险可能造成更大危害，更需要警惕。如网络攻击威胁与其他传统设计基准威胁结合使用形成的混合攻击；核设施受到疫情影响出现人员配备下降，产生潜在薄弱环节，又会更容易因网络安全因素等发生安保问题等。

第三，新兴技术也应被视为机遇，用于完善和加强新形势下的核安保。很多新兴技术本身作为新工具，对核安保也有积极的潜在价值，应继续借助网络、无人装备、人工智能等新技术发展新的核安保装备和手段。

第四，推动区域和国际解决方案。核安保风险往往具有跨国性、全球性。近期动向也显示，国际分歧和地区冲突也给核安保带来风险，尤其是加剧非国家行为体带来的风险，动荡的国际环境本身也给核能的普遍应用带来巨大挑战。这又和气候变化、粮食供应等世界性问题普遍联系。在新的国际形势下，应继续促进区域性乃至全球性的解决方案，加强相关国际体制，使核能的发展为解决世界性问题做出贡献。

（中核战略规划研究总院
许春阳）